TABLEAU AN[…]

ET

RÉSUMÉ DES DOCUMENTS RELATIFS A[…]

ADRESS[…]

PAR LES PRÉFETS AU MINISTRE DE L'AGRICULTURE E[…]

EN RÉPONSE AUX CIRCULAIRES MINISTÉRIELLES[…]

FAISANT PARTIE D'UNE N[…]

DE LA NÉCESSITÉ[…]

UN

SERVICE SANITAIRE VÉTÉRINAI[…]

AYANT POUR O[…]

D'ÉTUDIER, DE PRÉVENIR ET DE COMBATTR[…]

PROJET D'ORGANISATIO[…]

Par URBAIN[…]

MÉDECIN-VÉTÉRINAIRE A PARIS, MEMBRE DE L'ACADEMIE IMPÉRIALE DE MÉDECINE[…]

PARI[…]

TYPOGRAPHIE ET LITHOGRAPHI[…]

144, RUE DE RIVO[…]

1870

NALYTIQUE

UX ÉPIZOOTIES ET AUX ENZOOTIES

ᴀꜱ

T DU COMMERCE EN 1864, 1865, 1866, 1867 ET 1868

DU 27 AOUT 1855 ET DU 23 JUIN 1864

ᴏᴛɪᴄᴇ ɪɴᴛɪᴛᴜʟᴇᴇ

D'INSTITUER

RE POUR TOUTE LA FRANCE

ʙᴊᴇᴛ

ᴇ LES ÉPIZOOTIES ET LES ENZOOTIES

N DE CE SERVICE

LEBLANC

ᴇᴛ ᴅᴇ ʟᴀ ꜱᴏᴄɪᴇᴛᴇ ɪᴍᴘᴇʀɪᴀʟᴇ ᴇᴛ ᴄᴇɴᴛʀᴀʟᴇ ᴅᴇ ᴍᴇᴅᴇᴄɪɴᴇ ᴠᴇᴛᴇʀɪɴᴀɪʀᴇ

ꜱ

E DE RENOU ET MAULDE

LI, 144

TABLEAU ANALYTIQUE

ET

RÉSUMÉ DES DOCUMENTS RELATIFS AUX ÉPIZOOTIES ET AUX ENZOOTIES

ADRESSÉS

PAR LES PRÉFETS AU MINISTRE DE L'AGRICULTURE ET DU COMMERCE EN 1854, 1855, 1856, 1867 ET 1868

EN RÉPONSE AUX CIRCULAIRES MINISTÉRIELLES DU 27 AOUT 1855 ET DU 23 JUIN 1864

FAISANT PARTIE D'UNE NOTICE INTITULÉE

DE LA NÉCESSITÉ D'INSTITUER

DE

SERVICE SANITAIRE VÉTÉRINAIRE POUR TOUTE LA FRANCE

AYANT POUR OBJET

D'ÉTUDIER, DE PRÉVENIR ET DE COMBATTRE LES ÉPIZOOTIES ET LES ENZOOTIES

PROJET D'ORGANISATION DE CE SERVICE

Par URBAIN LEBLANC

MÉDECIN-VÉTÉRINAIRE A PARIS, MEMBRE DE L'ACADÉMIE IMPÉRIALE DE MÉDECINE ET DE LA SOCIÉTÉ IMPÉRIALE ET CENTRALE DE MÉDECINE VÉTÉRINAIRE

PARIS

TYPOGRAPHIE ET LITHOGRAPHIE DE RENOU ET MAULDE

144, RUE DE RIVOLI, 144

—

1870

	DÉPARTEMENTS.	1862.	1864.	1865
5.	**Alpes (Hautes-).**	17 juin 1862. Point de service vétérinaire. Le préfet regrette qu'il n'y en ait pas.	16 mars 1865. Tableau par communes, par arrondissements, puis par maladies. 4 communes. 2 arrondissements. — *Moutons* : clavelée (4,000 dont 471 morts) ; inoculation. Piétin (30). Sang de rate (8). — *Bœufs* : fièvre aphtheuse (42). Rapport du préfet ; simple énumération.	Tableau par mois, com Une commune seulement. - épizootique (3 malades, 3 m Rapport du préfe
6.	**Alpes-Maritimes.**	17 juin 1862. Point de service vétérinaire.	1er mai 1865. Tableau par arrondissements, par communes et par espèces d'animaux. Arrondissement de NICE (10 communes). — *Bœuf* : fièvre aphtheuse ; sur 3,120 animaux existants, 1,964 malades, 104 morts. Traitement : boissons et gargarismes acidulés, topiques détersifs, propreté. — *Chèvres* : fièvre aphtheuse ; sur 3,731 chèvres, 2,431 malades, 370 morts. Gonflement et ramollissement du foie (80), émigration. — *Moutons* : fièvre aphtheuse ; sur 8,243, il y a eu 6,583 malades, 380 morts. — *Porcs* : fièvre aphtheuse ; sur 450, il y a eu 140 malades, 20 morts. Arrondissement de PUGET-THENIERS (5 communes). — *Moutons* : clavelée ; sur 8,081, il y a eu 5,854 malades, 90 morts. Vaccination, inoculation. — *Bœufs* : fièvre aphtheuse ; 152 malades sur 604. Rapport très-utile ; quelques confusions. Pertes en argent non indiquées. Bonne statistique. Par le préfet.	Pas de ra
7.	**Ardèche.**	16 juin 1862. Point de service vétérinaire.	25 janvier 1865. Lettre d'envoi, pas de rapport.	Tableau par communes, da maladie (2 communes). — A apoplexie splénique ; 64 ani pièce ; causes et moyens cu *Bœufs* : fièvre charbonneuse mal déterminées ; point de tr Rapport du préfe
8.	**Ardennes.**	17 juin 1862. Point de service vétérinaire organisé ; une allocation de 1,000 francs à distribuer sur mémoire de frais et vacations pour missions spéciales.	29 avril 1865. Tableau par maladies : pleuropneumonie, fièvre aphtheuse, piétin, tumeurs charbonneuses, fièvre charbonneuse, fièvre typhoïde, pneumonie gangréneuse. Simples notions générales très-succinctes ; aucune statistique, ni indication des lieux où les maladies ont régné. Rien d'instructif, rien d'utile. Rapport du préfet.	Pas de ra

	1866.	1867.	1868.
12 mai 1866. ...unes, arrondissements. — *Bœufs* : péripneumonie ...rts). ...insignifiant.	25 février 1867. Tableau par mois, communes, arrondissements, une commune seulement. — *Cheval* : pleuropneumonie épizootique (1 mort). Rapport du préfet, insignifiant.	27 février 1868. Pas de tableau, feuille en blanc.	15 mars 1869. Tableau par mois, communes, arrondissements, 4 communes seulement. — *Moutons* : gale (400 dont 5 morts). Point de traitement. Clavelée (625 dont 2 morts). Sang de rate sur le bœuf (15); fièvre charbonneuse (2). Point de documents bien utiles. Rapport du préfet.
...pport.	2 avril 1867. Lettre d'envoi, mais pas de rapport.	Pas de rapport.	Pas de rapport.
28 février 1866. ...tes, dénominations de la *foutons* : sang de rate, ...naux ; valeur : 20 francs ...ratifs mal déterminés, — ..., charbon blanc; causes ...aitement. ..., insignifiant.	Pas de rapport.	Pas de rapport.	2 avril 1869. Tableau par communes (9 communes). — *Bœufs* : rage, 3 animaux; la chair de l'un a été mangée; fièvre charbonneuse. — *Cheval* : morve. — *Moutons* : gale. Mauvaise description. Rien d'intéressant. Rapport du préfet.
...port.	13 avril 1867. Tableau par maladies; simples notions générales sur une seule maladie : la péripneumonie. On ne dit pas sur quelle espèce d'animal. Aucun renseignement intéressant. Rapport du préfet.	23 avril 1868. Tableau par maladies; le charbon et la pleuropneumonie seulement. Notions générales écourtées. Rien d'intéressant. Rapport du préfet.	12 mars 1869. Tableau par maladies : gourmes, pneumonie, pleuropneumonie, morve. Notions générales. Rien de précis, rien d'utile. Pas de statistique. Rapport du préfet.

	DÉPARTEMENTS.	RÉSULTAT DES RENSEIGNEMENTS FOURNIS PAR LES PRÉFETS EN RÉPONSE À LA CIRCULAIRE MINISTÉRIELLE DU 22 JUIN 1862 RELATIVEMENT AUX SERVICES VÉTÉRINAIRES DÉPARTEMENTAUX.	ANALYSE ET RÉSUMÉ DES DOCUMENTS RELATIFS AUX ÉPIZOOTIES ET AUX ENZOOTIES ADRESSÉS PAR LES PRÉFETS À SON EXCELLENCE LE MINISTRE DE L'AGRICULTURE, DU COMMERCE ET DES TRAVAUX PUBLICS, EN 1864, 1865, 1866, 1867 ET 1868 EN RÉPONSE aux Circulaires ministérielles du 27 août 1855 et du 28 juin 1864.				
		1862.	**1864.**	**1865.**	**1866.**	**1867.**	**1868.**
1.	Ain.	Date de la réponse du préfet : 16 juin 1862. Réorganisation du service en 1865 : Un vétérinaire départemental........ 500 f. Un vétérinaire par arrondissement.... 300 f. Pour les épizooties, en plus, une somme de 300 f. pour les frais de déplacements extraordinaires. Ce crédit est rarement employé. Le préfet pense qu'une loi sur la réglementation de l'exercice de la médecine vétérinaire est utile.	13 juin 1865. Tableau imprimé, par communes [illegible]. — Porc : maladie inconnue, sans description : causes inconnues; 550 morts; point de traitement. — Bœuf : fièvre aphtheuse, charbon, pneumonie : rien de particulier sur les causes ni sur le traitement. Aucun renseignement bien utile. Rapport du préfet.	3 février 1866. [illegible] par communes [illegible]. — Cheval : morve, gale, gastro-entérite. — Bœuf : péripneumonie charbon, [illegible] interne [illegible]. Aucun renseignement bien utile. Rapport du préfet.	14 mars 1867. Tableau par communes [illegible]. — Bœuf : fièvre charbonneuse, sang de rate; recrudescent exceptionnelle [illegible] canton du Pont-de-Vaulx. — Cheval : morve [illegible]. — Porc : congestion intestinale [illegible] dans le canton de Pont-de-Vaulx. Aucun renseignement bien formel sur les causes. Pas de traitement. Rapport du préfet.	13 mars 1868. Tableau par communes [illegible]. — Bœuf : fièvre charbonneuse, sang de rate; recrudescent exceptionnelle [illegible]; canton du Pont-[illegible], non contagieux; [illegible] très nombreux; symptômes [illegible]; température très élevée; péripneumonie. — Cheval : morve. — Porc : congestion intestinale. [illegible] détaché des 310 morts dans 2 communes. Aucun renseignement bien utile. Pas de moyens curatifs. Rapport du préfet.	14 mars 1868. Tableau par communes [illegible]. — Cheval : morve. — Porc : charbon [illegible] et fièvre charbonneuse [illegible]. Bœuf : charbon dans les montagnes; bêtes bovines et grande chaleur; [illegible]; pleurite au diaphragme. — Mouton : [illegible]. Poids de documents très utiles; pas de traitement. Rapport du préfet.
2.	Aisne.	16 juin 1862. Jusqu'à 1832, un vétérinaire départemental à 1,200 fr. À compter de juin 1832 ne retouche rien retiré d'une manière fixe, car chaque arrondissement. Indemnité de 8 fr. par jour après réquisition de l'autorité et après rapport. Le crédit voté par le conseil général est de 800 f.; il n'est jamais complètement utilisé.	25 mars 1865. Tableau : 1° par arrondissements [illegible] de Château-Thierry seul; 2° par maladies. — Cheval : morve, dont point; pas de traitement. — Bœuf : péripneumonie, description, combinée, [illegible], avec et à nécroser, mort; fièvre charbonneuse de bonne; [illegible]. Description complète, nombreuse. Renseignements insuffisants. Rapport du préfet.	14 février 1866. Tableau : 1° par arrondissements [illegible] de Laon, Vervins et Château-Thierry seulement; 2° par maladies. — Cheval : morve, description : pas de traitement. — Bœuf : péripneumonie, description, combinée, [illegible], avec ou sans réduit, suffocation sensible, petites [illegible]; sang de rate, si gale. — Mouton : gale, [illegible] et mauvaise description. Bien nombreux; [illegible] [illegible] mal présentés, insuffisants. Rapport du préfet.	22 mai 1867. Tableau : 1° par arrondissements [illegible], Saint-Quentin, Château-Thierry; 2° par maladies. — Cheval : morve, description; rien de particulier. — Mouton : gale, [illegible] à nécroser. — Bœuf : pneumonie, abattues sans le tremer, le sang de rate avec 6 [illegible], 5 morts, 360 moutons. On conseille de tuer des [illegible] [illegible] du mal. Traitement : saignée, sulfate de soude. Renseignements insuffisants. [illegible] du préfet fait sur une note et un vétérinaire.	15 avril 1868. Tableau : 1° par arrondissements Laon et Château-Thierry seulement; 2° par maladies. — Cheval : morve. Pneumonie 281 chevaux malades, 6 morts. Rien d'intéressant. Rapport du préfet.	16 mars 1868. Tableau : 1° par arrondissements (Saint-Quentin, Vervins, Laon, Soissons, Château-Thierry); 2° par maladies. — Bœuf : [illegible] (14) cas des bêtes au boucher; point de traitement; sang de rate; bœuf et mouton; par nécrose; [illegible]; symptômes nerveux [illegible] [illegible] et morts, [illegible] [illegible] à nécroser. Fièvre charbonneuse, bout à nécroser; description des animaux, bêtes aux malades. — Cheval : morve, point de traitement particulier. — Chèvre : rage (6); rien d'important. Rapport du préfet [illegible] sur notes de vétérinaires.
3.	Allier.	16 juin 1862. Point de service vétérinaire. Le préfet exerce un vétérinaire quelconque qu'une épizootie survient.	4 février 1865. Tableau : 1° par arrondissements, et 2° par maladies. Les colonnes du tableau son remplies par des indices spéciaux en la maladie qui ont lieu, en livre pour [illegible] dénombrées. Ces notions indiquent que dans chaque arrondissement ont régné des maladies presque distinctes. Pour la statistique, les maladies régnantes ont été à fièvre aphtheuse, la fièvre charbonneuse, le typhus charbonneux, se détaille des maladies, la fièvre typhoïde; il a en plus bien des détails sur les causes et sur les moyens préservatifs appliqués par les vétérinaires. Rapport par le préfet, [illegible] détaillé.	12 mars 1866. Tableau : 1° par arrondissements; 2° par maladies. Arrondissement de Moulins. Cheval : morve cérébrale, gastro-entérite, morve au boeuf; fièvre charbonneuse, charbon symptomatique, peu à [illegible]. — Mouton : claveau, cachexie, peu de [illegible] à nécroser. Arrondissement de Montluçon. — Bœuf : apathie, [illegible], sporadique, locomoteur à nécroser. Arrondissement de Gannat. — Fièvre vésiculeuse, cachexie de la vieillesse, congestion. Description insuffisante. Cas morts; vésicule nécrosée, [illegible] avec indices nécroseuses 155 bestiaux, [illegible] causes non indiquées. Rapport du préfet, un des moins travaillés.	15 février 1867. Tableau : par arrondissements et par maladies; deux arrondissements seulement. Arrondissement de Moulins. — Bœuf : fièvre charbonneuse. Simple mention. Arrondissement de Gannat. — Bœuf : fièvre charbonneuse. Point de renseignements importants. Rapport du préfet, insuffisant.	12 février 1868. Tableau par maladies. Simple mention de morve [illegible]; de fièvre aphtheuse et de petite quantité de choléra symptomatique. Rapport du préfet, insuffisant.	28 janvier 1868. Tableau par arrondissements et par maladies. Deux arrondissements seulement. Arrondissement de Gannat. — Pelerite, poules et chiens (150 morts marqués). Lésions nécroseuses; sporte et choléra très meurtrier. Arrondissement de Moulins. — Bœuf : fièvre charbonneuse (3 morts). — Mouton : cachexie aqueuse; beaucoup d'animaux malades. Rapport du préfet, assez important, bien écrit.
4.	Alpes (Basses-).	16 juin 1862. Un vétérinaire départemental à 600 francs. Les autres vétérinaires sont indemnisés quand ils sont requis.	Pas de rapport.	Pas de rapport.	Pas de rapport.	Pas de rapport.	Pas de rapport.

DÉPARTEMENTS.	1862.	1864.	1865.	1866.	1867.	1868.
5. Alpes (Hautes-).	17 juin 1862. Point de service vétérinaire. Le préfet regrette qu'il n'y en ait pas.	16 mars 1865. Tableau par communes, par arrondissements, puis par maladies. 4 communes, 2 arrondissements. — Mouton : clavelée 14,000 dont 571 morts; incendie... Sang de rate 49. — Bœuf : fièvre aphteuse 142. Rapport du préfet : simple énumération.	12 mai 1866. Tableau par mois, communes, arrondissements. Une commune seulement. — Bœuf : péripneumonie épizootique 75 malades, 5 morts. Rapport du préfet, insignifiant.	25 février 1867. Tableau par mois, communes, arrondissements, une commune seulement. — Cheval : pleuropneumonie épizootique 1 mort. Rapport du préfet, insignifiant.	27 février 1868. Pas de tableau, feuille en blanc.	15 mars 1869. Tableau par mois, communes, arrondissements, 3 communes seulement. — Mouton : [illegible] Point de traitement. Clavelée 625 dont 2 morts. Sang de rate sur le bœuf 15; fièvre charbonneuse 31. Point de documents bien utiles. Rapport du préfet.
6. Alpes-Maritimes.	17 juin 1862. Point de service vétérinaire.	1er mai 1865. Tableau par arrondissements, par communes et par espèces d'animaux. Arrondissement de Nice, 13 communes. — Bœuf : fièvre aphteuse; sur 2,129 animaux existants, 1,985 malades, 104 morts. Traitement : boissons et gargarismes acidulés, topiques détersifs, roqueté. — Chèvres : fièvre aphteuse; sur 3,751 chèvres, 2,301 malades, 370 morts. Gonflement et ramollissement du foie 50; éraigatism. — Mouton : fièvre aphteuse; sur 8,384, il y a eu 6,383 malades, 580 morts. — Porc : fièvre aphteuse; sur 850, il y a eu 149 malades, 56 morts. Arrondissement de Puget-Théniers (5 communes). — Mouton : clavelée; sur 8,084, il y a eu 5,684 malades, 99 morts. Vaccination, inoculation. — Bœuf : fièvre aphteuse : 103 malades sur 64. Rapport très-utile; quelques confusions. Pertes en argent non indiquées. Bonne statistique. État du préfet.	Pas de rapport.	2 avril 1867. Lettre d'envoi, mais pas de rapport.	Pas de rapport.	Pas de rapport.
7. Ardèche.	16 juin 1862. Point de service vétérinaire.	25 janvier 1865. Lettre d'envoi, pas de rapport.	28 février 1866. Tableau par communes, dates, dénominations de la maladie (2 communes). — Mouton : sang de rate, pourriture épileptique; [illegible] au moyen; valeur : 56 francs [illegible] causes et moyens curatifs mal déterminés. — Bœuf : fièvre charbonneuse, charbon blanc; causes mal déterminées; point de traitement. Rapport du préfet, insignifiant.	Pas de rapport.	Pas de rapport.	2 avril 1869. Tableau par communes (9 communes). — Bœuf : rage, 3 communes; le choix de l'un a été mauvais; fièvre charbonneuse. — Cheval : morve. — Mortalité [illegible]. Mauvaise description, rien d'intéressant. Rapport du préfet.
8. Ardennes.	17 juin 1862. Point de service vétérinaire organisé; une allocation de 1,000 francs à l'abattoir sur mémoire de frais et vacations pour missions spéciales. Rien d'intéressant, rien d'utile. Rapport du préfet.	25 avril 1865. Tableau par maladies : pleuropneumonie, fièvre aphteuse, tumeurs charbonneuses, fièvre charbonneuse, fièvre typhoïde, pneumonie épizootique. Simples notions générales trop succinctes; aucune statistique, ni indication des lieux où les maladies ont régné. Rien d'intéressant, rien d'utile. Rapport du préfet.	Pas de rapport.	13 avril 1867. Tableau par maladies; simples notions générales sur une seule maladie : le péripneumonie. On ne dit pas sur quelle espèce (l'animal). Aucun renseignement utile. Rapport du préfet.	23 avril 1868. Tableau par maladies; le charbon et la pleuropneumonie seulement. Notions générales succinctes. Rien d'intéressant. Rapport du préfet.	12 mars 1869. Tableau par maladies : pommes, pneumonie, charbon, pneumonie, morve. Notions générales. Rien de précis, rien d'utile. Pas de statistique. Rapport du préfet.

	DÉPARTEMENTS.	1862.	1864.	1865
13.	Bouches-du-Rhône.	14 juin 1862. Pas de service vétérinaire constitué. En cas d'épizootie, on charge le vétérinaire faisant partie du conseil d'hygiène d'arrondissement d'aller examiner. Il n'est pas question d'indemnité.	27 février 1865. Tableau par arrondissements et par communes : Arrondissement d'Aix : 33 communes; indication des animaux malades et des pertes pour chaque commune; peu de chose sur les causes; moyens préventifs seulement : farcin, gale, piétin, clavelée (beaucoup); quelques inoculations. Arrondissement d'Arles : 500 morts, 10 pour 100; point d'inoculation. Arrondissement de Marseille : Aucun document. Rapport du préfet.	Tableau par arrondissement[s] Arrondissement d'Aix : [...] 3,245 francs de perte; canton[s] Arrondissement d'Arles : ([...] morts), 6 à 10 pour 100. Arrondissement de Marseil[le] Rapport du [préfet]
14.	Calvados.	14 juin 1862. Pas de service vétérinaire organisé en 1862. Le préfet dit qu'il va chercher à imiter le département de la Seine-Inférieure.	23 mars 1865. Pas d'épizootie en 1864. Rapport du préfet.	M. le préfet a envoyé un e[...] maladie aphtheuse qui a rég[...] mois d'octobre dans le Calvad[os...] port a été fait au nom de la [...] Calvados et de la Manche p[...] Origine, développement, ca[...] qui aurait pu être évitée en gr[...] sures sanitaires avaient été p[...] 100; mais pertes considérable[s...] Rapport très-instructif à i[...] grandes pertes, si on suivait [...] donnés. L'empirisme a causé l[...]
15.	Cantal.	17 juin 1864. Pas de service vétérinaire.	29 mars 1865. Tableau par espèces et par maladies. Bœufs · anthrax charbonneux. Pas de description; pas de traitement. La cause non indiquée (450 morts, 60 pour 100). Rien de plus. Rapport du préfet (insignifiant).	Le préfet a envoyé à cette [...] pèces et par maladies, 1863, 1[...] relaté dans chaque tableau qu[...] chez le bœuf. Description in[...] sont dites être celles d'un e[...] substances minérales ou vég[...] impuissant. 450 morts par an[...] tons de Marcenat et d'Allanc[...] de Besse et d'Arles (Puy-de-D[...] On rappelle que des commi[...] dié cette maladie en 1858 et c[...] rience de M. Rabuisson en 18[...] avec le foin des montagnes, et[...]
16.	Charente.	16 juin 1862. Pas de service vétérinaire; seulement un vétérinaire est désigné à l'avance pour aller là où une épizootie se déclare.	10 mars 1865. Tableau par communes et par espèces. Une commune. Bœuf : fièvre aphtheuse; contagion; traitement assez détaillé; 3 pour 100 de mortalité. Rapport du préfet.	Pas de rap[port]

	1866.	1867.	1868.
17 février 1866. s et par cantons : 14 cantons; clavelée; nement seulement. cantons; clavelée (600 LE : Aucun document. réfet.	15 février 1867. Tableau par arrondissements et par commune. Arrondissement d'AIX : 13 communes; clavelée; 239 morts; inoculation. Arrondissement d'ARLES : 8 communes: sang de rate; moutons; mortalité, 6 pour 100; morve (4). Arrondissement de MARSEILLE : Pas d'épizootie. Rapport du préfet.	5 mars 1868. Tableau par arrondissements et par communes. Arrondissement d'AIX : 29 communes; clavelée; nombre des morts incomplètement indiqué; séquestration; pas d'inoculation. Arrondissement d'ARLES : 13 communes; clavelée; 650 morts (moutons); gastro-entérite gangréneuse (porcs), pas de description. La malpropreté comme cause; perte : 62 pour 100; point de traitement; non contagion, et cependant la séquestration est prescrite. Rapport du préfet.	9 avril 1869. Tableau par cantons : clavelée, 220 morts (2,800 fr. en argent) supportés par 60 propriétaires; morve, *cheval*; rouget (pas de description), *porc*; piétin, *mouton*. Rapport du préfet.
19 mars 1866. xcellent rapport sur la né du mois d'avril au s et la Manche. Ce rap- Société vétérinaire du ar M. Yvon, secrétaire. se de la propagation, ande partie, si des me- rises. Mortalité : 5 pour en moins-value. miter; on éviterait de les conseils qui y sont beaucoup de pertes.	Pas de rapport.	13 août 1869. Un excellent rapport adressé au préfet du Calvados, par la Société vétérinaire du Calvados et de la Manche, sur une épizootie de péripneumonie contagieuse du bœuf, qui a régné en 1867 et en 1868 dans quelques communes voisines. Ce rapport a été rédigé par M. Yvon, vétérinaire à Bayeux, qui, le premier, a reconnu cette maladie chez un propriétaire. L'autorité n'est pas intervenue; le rapport a été bénévole; les conseils de M. Yvon ont arrêté le mal; la séquestration a été observée. Quelques vaches ont été traitées et guéries. Des vaches en bon état ont été tuées et mangées. Description très-bonne. La cause a été la contagion par des vaches amenées dans le pays, comme la cocote avait été importée en 1865. On aurait pu éviter l'une et l'autre maladie, s'il y avait eu surveillance et si des vétérinaires avaient été appelés au début. Un résumé très-bien fait dans un tableau : 5 troupeaux, 68 animaux, 43 malades, 7 guéris, 36 vendus au boucher ou morts. Perte totale en argent : 6,200 francs. *Très-remarquable.*	13 août 1869.
11 décembre 1866. late 3 tableaux, par es- 864 et 1865. Il n'y a de e le mal de *montagne* isignifiante; les lésions mpoisonnement par des tales. Tout traitement ée, 95 pour 100 Can- die (Cantal), et cantons ime). ssions spéciales ont étu- n 1861. Curieuse expé- it, qui a nourri l'hiver qui perdit 7 vaches.	Pas de rapport.	28 juillet 1868. Un tableau par espèces et par maladies. *Cheval* : 15 animaux; fièvre bilieuse ou typhoïde, jaunisse; traitement; perte : 5 pour 100; causes non indiquées. — *Bœuf* : mal de montagne ou fièvre charbonneuse; causes non indiquées; non contagieux; traitement : huile phosphorée, acide phénique; dérivatifs; 160 malades; 60 pour 100 mortalité. *Mouton* : piétin très contagieux; peu de pertes. Cachexie : 250 malades; pertes : 75 pour 100. *Assez intéressant.*	28 juillet 1869. Un tableau absolument semblable à celui de 1867; les pertes un peu moindres.
ort.	25 mars 1867. Tableau par maladies et par espèces. Typhus charbonneux; pas de description. — *Porc* : causes assez bien indiquées; pertes par mort : 9 pour 100. Traitement préventif et curatif. Rapport du préfet.	21 avril 1868. Tableau par arrondissements, par communes, par maladies. Un arrondissement, CONFOLENS; 16 communes. — *Mouton* : cachexie aqueuse. Description surabondante. Perte en morts : 20,296 bêtes sur 183,844 existantes dans l'arrondissement. Causes et traitement bien indiqués. Rapport du préfet (vétérinaire consulté).	4 mai 1869. Tableau par arrondissements, par communes, par maladies (2 arrondissements). Arrondissement de CONFOLENS : 13 communes. — *Mouton* : Piétin. Traitement préventif et curatif appropriés; description trop étendue. Arrondissement de RUFFEC : 2 communes. — *Mouton* : piétin. Choléra des poules à Rouillac. Traitement. Statistique intéressante des morts des diverses espèces d'animaux. Perte : 177,725 francs. Rapport du préfet (vétérinaire consulté).

DÉPARTEMENTS.	1863.	1864.	1865.	1866.	1867.	1868.
9. Ariége.	20 juin 1862. Un vétérinaire, 3,300 fr. es par an. (Session du conseil général de 1858.)	7 février 1865. [illegible]	4 janvier 1865. [illegible]	5e janvier 1865. [illegible]	17 avril 1868. Pas de tableau. Rapports de trois vétérinaires : [illegible]	17 avril 1868. Pas de tableau, mais rapports de trois vétérinaires : [illegible]
10. Aube.	16 juin 1862. Pas de service vétérinaire constitué.	16 janvier 1865. [illegible]	6 janvier 1865. [illegible]	31 mars 1866. [illegible]	30 janvier 1868. [illegible]	30 janvier 1868. [illegible]
11. Aude.	30 juin 1862. [illegible]	Pas de rapport.	4 juin 1866. [illegible]	4 juin 1867. [illegible]	30 juin 1868. [illegible]	Pas de rapport.
12. Aveyron.	16 juin 1862. [illegible]	5 mars 1865. [illegible]	8 mars 1866. [illegible]	13 février 1867. [illegible]	28 février 1868. [illegible]	5 mars 1868. [illegible]

	DÉPARTEMENTS.	1862.	1864.	1865.	1866.	1867.	1868.
13.	**Bouches-du-Rhône.**	14 juin 1862. Pas de service vétérinaire constitué. En cas d'épizootie, on charge le vétérinaire faisant partie du conseil d'hygiène d'arrondissement d'Aix comme. Il n'est pas question d'indemnité.	27 février 1865. Tableau par arrondissements et par communes : Arrondissement d'Aix : [illegible] communes; [illegible] des animaux malades et des pertes pour chaque commune; peu de chose sur les causes; moyens à employer souvent : saignée, gale, périlla, charbon [illegible] quelques inoculations. Arrondissement d'Arles : 500 morts, 18 pour 100; [illegible] d'inoculation. Arrondissement de Marseille : [illegible]. Rapport du préfet.	17 février 1865. Tableau par arrondissement et par communes : Arrondissement d'Aix : [illegible] communes; [illegible] [illegible] pertes en [illegible] sur hasard. Arrondissement d'Arles : [illegible] morts, 6 à 10 pour 100. Arrondissement de Marseille : [illegible]. Rapport du préfet.	15 février 1866. Tableau par arrondissements et par communes. Arrondissement d'Aix : 13 communes; cheptel; 230 morts; inoculation. Arrondissement d'Arles : 8 communes; [illegible] de malades; mortalité, 6 pour 100; [illegible]. Arrondissement de Marseille : Pas d'épizootie. Rapport du préfet.	5 mars 1868. Tableau par arrondissement et par communes. Arrondissement d'Aix : 39 communes; cheptel; nombre des morts; [illegible] indiquée; [illegible]; pas d'inoculation. Arrondissement d'Arles : 13 communes; [illegible]; 636 morts [illegible]; [illegible] pendant [illegible] jours; pas de description. La [illegible] comme cause; pertes : [illegible] pour 100; [illegible] d'inoculation; non [illegible], et cependant, [illegible] est possible. Rapport du préfet.	9 avril 1868. Tableau sans mention : [illegible] 230 morts; 2,300 fr. [illegible] supportée par les propriétaires; [illegible]; charbon; [illegible]; pas de description; [illegible]; gale, morve. Rapport du préfet.
14.	**Calvados.**	15 juin 1862. Pas de service vétérinaire organisé en 1862. Le préfet dit qu'il va chercher à imiter le département de la Seine-Inférieure.	Pas d'épizootie en 1864. Rapport du préfet.	20 mars 1865. M. le préfet a remis au rapport, rapport sur la maladie qui règne [illegible] dans les zones du Calvados [illegible] d'autres dans le Calvados et la Manche. Ce rapport a été fait au nom de la Société vétérinaire du Calvados et de la Manche par M. Yvon, secrétaire. Origine, développement, cours de la [illegible] qui [illegible] d'une [illegible] en grande partie, et des mesures sanitaires auquel été remis. Mortalité : 5 pour 100; mais pertes considérables en animaux-[illegible]. Rapport bien instructif à [illegible]; on s'étonnait de grandes pertes, et on attribue les conseils qui y sont donnés. L'expérience a coûté beaucoup de pertes.	Pas de rapport.	15 août 1868. Un excellent rapport adressé en relief du Calvados, par la Société vétérinaire du Calvados et de la Manche, sur une épizootie de péripneumonie contagieuse du bœuf, qui a régné en 1867 et en 1868 dans quelques communes voisines. Ce rapport a été rédigé par M. Yvon, vétérinaire à Bayeux, qui, le premier, a rencontré cette maladie chez un propriétaire. L'autorité n'est pas intervenue; le rapport a été bénévole; les soignés de M. Yvon ont arrêté le mal; la décortication a été observée. Quelques vaches ont été traitées et guéries. Des vaches ni bonnes ni nulles [illegible]. La cause a été la contagion par des vaches [illegible] dans le pays, comme la chose avait été inconnue en 1851. On aurait pu éviter l'[illegible] et l'accroissement, s'il y avait eu surveillance et si ces vétérinaires avaient été appelés au début. Ce résumé très bien fait dans un tableau : 5 troupeaux, 68 animaux, 53 malades, 7 guéris, 38 vendus au boucher ou morts. Perte totale en argent : 6.290 francs. Très-remarquable.	13 août 1868. [contenu illegible]
15.	**Cantal.**	17 juin 1862. Pas de service vétérinaire.	29 mars 1865. Tableau par espèces et par maladies. [illegible] charbon charbonneux. Pas de description; pas de traitement. La cause non indiquée [illegible] morts, 60 pour 100; [illegible]. Rapport du préfet insignifiant.	11 décembre 1865. Le préfet a envoyé 3 [illegible] dès le 3 [illegible], par espèces et par maladies, 1862, 1863 et 1865. Il n'y a de réalité dans chaque tableau que le mal de montagne chez le bœuf. Description insignifiante; les lésions sont celles d'un empoisonnement par des substances minérales ou végétales. Ton véhément inspiré; 458 morts par année, 89 pour 100 [illegible] de Murat et d'Aurillac (Cantal, et environs de Brioude et d'Arlac [Puy-de-Dôme]). On rappelle que des commissions spéciales ont étudié cette maladie en 1860 et en 1861. Curieuse expérience de M. Rabuisson en 1861, qui a donné l'herbe avec le foin des montagnes, et qui peu dit 7 races.	Pas de rapport.	26 juillet 1868. Un tableau par espèces et par maladies. Cheval : 15 malades; fièvre [illegible] ou spéciale; jaunisse; traitement; morts : 3 pour 100; causes non indiquées. — Bœuf : [illegible], mal de montagne en Savoie charbonneuse; causes non indiquées; non recherchées; le chiffre [illegible]; malade ou malignant; généralité; 168 malades; 66 pour 100 mortalité. Mouton : péri [illegible] contagieux; pas de pertes. Cochon : 350 malades; pertes : 75 pour 100. Assez intéressant.	26 juillet 1868. Un tableau absolument semblable à celui de 1867; les pertes un peu moindres.
16.	**Charente.**	16 juin 1862. Pas de service vétérinaire; seulement un vétérinaire est désigné à l'avance pour aller là où une épizootie se déclare.	10 mars 1865. Tableau par communes et par espèces. Une commune. Bœuf : fièvre apthleuse; contagion; traitement détaillé; 3 pour 100 de mortalité. Rapport du préfet.	Pas de rapport.	26 mars 1867. Tableau par maladies et par espèces. Typhus charbonneux; pas de description. — Porte : causes chez [illegible] indiquées; pertes par mort : 9 pour 100. Traitement préventif et curatif. Rapport du préfet.	23 avril 1868. Tableau par arrondissements, par communes, par maladies. En arrondissement, Cognac etc., 16 communes. — Mouton : maladie apteuse. Description insignifiante. Pertes en morts : 20.296 têtes sur 133,644 existantes dans l'arrondissement. Causes et traitement bien indiqués. Rapport du préfet vétérinaire remarquable.	5 mai 1868. Tableau par arrondissement, par communes, par maladies [2 arrondissements]. Arrondissement de Cognac : 15 communes. — Mouton : Pélion. Traitement préventif et curatif indiqué; description très détaillée. Arrondissement de Ruffec : 2 communes. — Mouton : pélion. Clôture des vaches à Ruffec. Traitement. Statistique intéressante des morts des diverses espèces d'animaux. Perte : 177,735 francs. Rapport du préfet vétérinaire remarquable.

	DÉPARTEMENTS.	1862.	1864.	186
22.	Côtes-du-Nord.	18 juin 1862. Pas de service vétérinaire organisé; 1,000 francs sont votés par le conseil général. Le préfet en dispose selon les besoins, et les distribue aux vétérinaires qu'il charge de missions.	15 mai 1865. Pas de tableau. Le préfet a adressé quatre rapports qui avaient été faits par : 1° M. Hamon jeune. vétérinaire à Saint-Brieuc, sur le typhus des *étalons* du dépôt de Lamballe; description : traitement dérivatif et par perchlorure de fer; fortes saignées nuisibles. Sur le typhus du *porc*. les causes indiquées seulement; sur des irritations intestinales d'un caractère insolite; traitement. 2° M. Théveux, vétérinaire à Dinan, sur la morve, qui a été assez fréquente. Rien de particulier. 3° M. Grosset, vétérinaire de l'arrondissement de Loudéac. 4° M. Roturier, vétérinaire à Guingamp; point d'épizootie. 5° Pour l'arrondissement de Dinan, pas de rapport.	Pas de tableau. Le préfet a 1° M. Hamon, sur une ké sur la morve, qui a été fréque de Saint-Brieuc; sur les avo la gourme; le typhus du po le *horse-pox* transmis à la v 2° M. Théveux, sur la mo 3° M. Grosset. Point de 4° M. Roturier, sur une en qui avait fait croire au typh 5° M. Berre, vétérinaire à eutérite chronique du porc;
23.	Creuse.	17 juin 1862. Il existait un service vétérinaire avant 1854; on accordait 800 fr. au vétérinaire départemental, 400 fr. aux vétérinaires d'arrondissement. A la mort de deux titulaires, l'allocation fut supprimée et les deux autres titulaires survivants continuèrent à recevoir chacun 400 fr. Ils traitent gratuitement les malades, 300 fr. pour les deux autres arrondissements.	1er mai 1865. Tableau par maladies, sans indication d'espèces ni de localités. Congestion des viscères abdominaux; gale et morve; clavelée. Aucun document intéressant Rapport du préfet.	Tableau par maladies et p t al); limace (*bœuf*); gale (mo Simple m Rapport du préfet, insigni
24.	Dordogne.	18 juin 1862. Un vétérinaire pour chacun des cinq arrondissements : 400 fr. Les déplacements ne sont pas payés; un rapport annuel au conseil général est fait par chaque vétérinaire.	3 octobre 1865. Pas de tableau. Le préfet a envoyé cinq rapports. 1° De M. Dubois, vétérinaire à Périgueux. Morve; bons résultats de l'inspection; fièvre aphtheuse. 2° De M. Lapouze, de Nontron. *Cheval* : angine; entérites graves. — *Bœuf* : coryza gangreneux; péripneumonie sporadique; beaucoup de morts; soins mauvais, et par les empiriques seuls. — *Mouton* : piétin. — *Porc* : fièvre charbonneuse. 3° De M. Félix, de Bergerac. *Bœuf* : charbon, qui a existé avec la variole de l'homme. 4° De M. Landes, à Sarlat. Morve. *Bœuf* et *mouton* : fièvre aphtheuse et piétin. 5° De M. Rousseau, à Bergerac. Fièvre aphtheuse; longues descriptions.	Pas de tableau. Cinq rapp 1° De M. Dubois. *Cheval* description; traitement avec aphtheuse. — *Porc* : ladreri 2° De M. Lapouze. Consid risme. — *Bœuf* : charbon; neumonie sporadique; gastr res. — *Cheval* : morve; ga piétin; gale. — *Porc* : charl 3° De M. Félix. *Bœuf* : a ment. 4° De M. Landes. Fièvre a 5° De M. Rousseau. Fièvr Bons docu
25.	Doubs.	14 juin 1862. Pas de service vétérinaire constitué.	Pas de rapport.	Pas de ra

5.	1866.	1867	1868.
9 mai 1866. adressé cinq rapports de : …tile ulcérative du bœuf; …nte dans l'arrondissement …rlements et leurs causes; …r : causes et traitements; …che, puis à l'homme. …ve; description superflue. …aladie épizootique. …térite chronique du bœuf,§ …s. …Lannion, sur une gastro- indiquée seulement.	20 juin 1867. Pas de tableau. Le préfet a adressé cinq rapports de vétérinaires. 1° De M. Hamon. *Cheval* : morve assez fréquente, traitement par les empiriques; catarrhes peu graves; exanthème vénérien, curable; traitement; *horse-pox*, inoculation à la vache, au mouton, au chien, à la chèvre et à l'homme. 2° De M. Théveux. *Cheval* : morve de plus en plus fréquente, faute d'inspection convenable. 3° De M. Grosset. Pas d'épizootie. 4° De M. Roturier. *Cheval* : angine épizootique grave; pas de traitement. 5° De M. Berre. *Cheval* : morve fréquente, manque de surveillance; traitement par les empiriques; fluxion périodique. — *Porc* : charbon; rien sur le traitement.	18 mai 1868. Pas de tableau. Cinq rapports de vétérinaires. 1° De M. Hamon. *Cheval* : morve très-fréquente; traitement clandestin par les empiriques; contagion; gourme; péripneumonie sporadique; exanthèmes vénériens, curables; *horse-pox*, inoculation fructueuse. 2° De M. Théveux. *Cheval* : morve. 3° De M. Grosset. Pas d'épizootie. 4° De M. Roturier. *Cheval* : angine gangréneuse meurtrière. Rien sur les causes ni sur le traitement. 5° De M. Berre. Pas d'épizootie, quelques enzooties. — *Cheval* : gourme; fluxion périodique en progression, faute de bons étalons.	13 mai 1869. Pas de tableau. Cinq rapports. 1° De M. Hamon (très-intéressant). Conditions météorologiques favorables, maladies moins nombreuses et moins graves. — *Cheval* : peu de morve; conjonctivites peu graves; congestions intestinales, traitement. — *Chiens* : quelques cas de rage. 2° De M. Théveux. Maladies des voies digestives et respiratoires, très-nombreuses, traitées par les empiriques; beaucoup de morts; morve et gale en progression; mesures sanitaires insuffisantes. 3° Pas de rapport de M. Grosset. Le sous-préfet de Loudéac a écrit qu'il n'y avait pas eu d'épizootie. 4° De M. Roturier. *Cheval* : angine gangréneuse et contagieuse; pas de traitement. 5° De M. Berre. *Cheval* : morve traitée par les empiriques. — *Porc* : charbon.
7 février 1866. …r espèces. Gourme (*che- …ton*); ophthalmie (*bœuf*). …ntion. …iant.	9 août 1867. Tableau par maladies et par espèces. Gourme (*cheval*); indigestion méphitique (*bœuf*); piétin (*mouton*); morve (*cheval*). Simple mention. Rapport du préfet, insignifiant.	18 février 1868. Tableau par maladies et par espèces. Tétanos (*cheval*); piétin (*mouton*); gourme (*cheval*); fièvre charbonneuse (*bœuf*). Simple mention. Rapport du préfet.	18 février 1869. Tableau par maladies et par espèces. Affection psorique (*cheval*); gourme (*cheval*); ophthalmie (*bœuf*); variole (*porc*); pleuropneumonie (*bœuf*); charbon. Simple mention. Rapport du préfet, insignifiant.
24 février 1866. …rts de vétérinaires. …fièvre typhoïde; longue …succés. — *Bœuf* : fièvre …». …rations générales; empi- …coryza; angines; périp- …-entérite; calculs urinai- …e. — *Mouton* : clavelée; …on. …ortement; aucun traite- …phtheuse. …aphtheuse; morve. …nents.	17 septembre 1867. Pas de tableau. Cinq rapports de vétérinaires. 1° De M. Dubois. Fièvre aphtheuse, sur le *bœuf* seulement. — Gastro-entérite grave du *porc*; ladrerie. La viande est toujours considérée mauvaise. A Bordeaux, on la vend. 2° De M. Lapouze. Considérations générales sur l'empirisme, qui est une des principales causes de la multiplicité des pertes. — *Bœuf* : charbon; coryza gangréneux; angine; péripneumonie sporadique. — *Cheval* : morve. — *Porc* : affections gangréneuses. — *Mouton* : clavelée, piétin et gale. 3° De M. Félix. *Bœuf* : congestions cérébrales. 4° De M. Landes. Fièvre aphtheuse. Piétin. 5° De M. Rousseau. Charbon essentiel; morve.	19 octobre 1868. Pas de tableau. Cinq rapports. 1° De M. Dubois. Fièvre aphtheuse. Piétin; détails superflus. Morve; inspection utile des viandes aux abattoirs. 2° De M. Lapouze. Toujours des considérations générales. — *Bœuf* : gastro-entérite avec fausses membranes. — *Cheval* : les maladies moins mortelles, parce qu'elles sont le plus souvent traitées par les vétérinaires. — *Porc* : instructions sur les moyens préventifs des maladies. 3° De M. Félix. Morve; mesures sanitaires appliquées. 4° De M. Landes. Point de maladies épizootiques. 5° De M. Rousseau. Un cas de morve seulement.	20 mars 1869. — 6 octobre 1869. Pas de tableau. Cinq rapports. 1° De M. Dubois. *Cheval* : gale; description superflue. — *Bœuf* : fièvre aphtheuse. — *Cheval* : gastro-entérite typhoïde; description, traitement; morve. — *Porc* : ladrerie, viande défendue. 2° De M. Lapouze. Répétition à peu près textuelle du rapport de 1868, plus une note sur les maladies des oiseaux de basse-cour. 3° De M. Félix. *Gallinacés* : épizootie; assez bonne description; granulations; traitement. — *Chien* : rage; abattage des chiens mordus, ou au moins séquestration de soixante à soixante-quinze jours. 4° De M. Landes. Un cas de rage (*chien*). 5° De M. Rousseau. *Volailles* (maladies des) : pourriture.
…port.	Pas de rapport.	Pas de rapport.	Pas de rapport.

DÉPARTEMENTS.	1863.	1864.	1865.	1866.	1867.	1868.
17. Charente-Inférieure.	15 juin 1862. Pas de service vétérinaire.	Pas de rapport.	Pas de rapport.	12 avril 1867. Tableau par cantons, communes et maladies (2 cantons, 3 communes). Cheval : mauvaises coliques, 9; sans description. Bœuf : 1. — Mouton : cachexie aqueuse, 53 morts. Rapport du préfet insignifiant.	22 avril 1868. Tableau par cantons, communes, maladies (5 cantons, 5 communes). Cheval : mauvaises coliques, 4; sans description. — Mouton : vertigo, 50. — Bœuf : gastro-entérite chronique, 2; tous par le strongylo-filaire, 50. — Mouton : gastro-entérite avec altération du sang, 108. — Cheval : 2. — Bœuf : 15. Rapport du préfet insignifiant.	31 mars 1869. Pas d'épizooties en 1868. Rapport du préfet.
18. Cher.	15 juin 1862. Par délibération du conseil général du 27 août 1859, un vétérinaire a dû être désigné pour chaque arrondissement; fonctions gratuites. En cas d'épizootie, le vétérinaire employé recevra une indemnité déterminée par les instructions ministérielles.	Pas de rapport.	Pas de rapport.	Pas de rapport.	Pas de rapport.	Pas de rapport.
19. Corrèze.	18 févr. 1862. Un vétérinaire départemental avec une allocation de 150 francs par an. Il va là où on l'envoie. On ne parle pas d'indemnité de voyage.	Pas de rapport.	Pas de rapport.	Pas de rapport.	Pas de rapport.	15 mars 1869. Pas d'épizootie en 1867 et en 1868. Rapport du préfet.
20. Corse.	16 juin 1862. Deux vétérinaires militaires sont autorisés à faire de la clientèle civile. Ils sont subventionnés par les villes d'Ajaccio et de Bastia; ils sont chargés de l'inspection de la boucherie.	4 mars 1865. Tableau par maladies et par espèces. Cadavre : charbon; fortes chaleurs; mauvaise qualité des ligaments. Perte en argent : 125 francs.	Pas de rapport.	Pas de rapport.	Pas de rapport.	29 mars 1869. Pas d'épizootie en 1867 et 1868. Rapport du préfet.
21. Côte-d'Or.	10 juin 1862. Le conseil général vote chaque année 2,700 fr. Un vétérinaire départemental reçoit 1,200 fr. Des vétérinaires d'arrondissement, chacun 500 fr. Il est, en plus, alloué 600 fr. pour le service des épizooties.	28 avril 1865. Tableau par arrondissements, cantons, communes, espèces, maladies (3 arrondissements, 11 cantons, 15 communes). Arrondissement de Beaune. — Cheval : dépuration; cachexie aqueuse; perte : 30 pour 100; pas de causes indiquées. — Bœuf : fièvre charbonneuse, charbonneuse; 35 morts sur 35; point de traitement. Arrondissement de Dijon. — Cheval : péripneumonie, morve. — Mouton : gale; 46 morts sur 50. Arrondissement de Semur. — Bœuf : charbon; 9 sur 9. Documents pas assez détaillés. Rapport du préfet.	Pas de rapport.	Pas de rapport.	4 décembre 1868. Tableau par arrondissements, cantons, communes (3 arrondissements, 6 cantons, 10 communes). Bœuf : entérite chronique, péripneumonie, charbon. — Cheval : maladie typhoïde, morve; rien ni sur les causes, ni sur le traitement. Documents insuffisants. Rapport du préfet.	20 mars 1869. Tableau par arrondissements, cantons, communes, maladies (3 arrondissements, 8 cantons, 10 communes). Cheval : morve. — Bœuf : charbon. — Mouton : cachexie; inoculation : 17 morts sur 300 malades. Gale, cause de Tessier; guérison. Documents insuffisants. Rapport du préfet.

DÉPARTEMENTS.	1862.	1864.	1865.	1866.	1867.	1868.
22. Côtes-du-Nord.	[illegible]	[illegible]	[illegible]	[illegible]	[illegible]	[illegible]
23. Creuse.	[illegible]	[illegible]	[illegible]	[illegible]	[illegible]	[illegible]
24. Dordogne.	[illegible]	[illegible]	[illegible]	[illegible]	[illegible]	[illegible]
25. Doubs.	[illegible]	Pas de rapport.	Pas de rapport.	Pas de rapport.	Pas de rapport.	Pas de rapport.

	DÉPARTEMENTS.	1862.	1864.	18
30.	Gard.	20 juin 1862. Pas de service vétérinaire administrativement constitué. Une somme de 600 francs est inscrite au budget départemental et est distribuée aux vétérinaires qui ont reçu des missions.	Pas de rapport.	Tableau par arrondisse maladies. Arrondissement de Nîm sang de rate, choléra des p Arrondissement d'Alais, farcin, morve. Arrondissement d'Uzès, cin, sang de rate, cachexie, Arrondissement du Vigai Rapport Beaucoup de détails de des moutons); beaucoup d quelque intérêt.
31.	Garonne (Haute-).	17 juin 1862. Pas de service vétérinaire.	22 mars 1865. Tableau par communes, par espèces, par maladies (4 communes). *Bœuf*: péripneumonie; 6 bêtes mortes. — *Mouton*: clavelée; 50 morts. Rapport au préfet (insignifiant).	Tableau par communes, (2 communes). *Bœuf*: péripneumonie; 4 morts. Rapport du préfe
32.	Gers.	19 juin 1862. Un vétérinaire départemental, qui reçoit 1.500 fr. de traitement.	Pas de rapport.	Pas de r
33.	Gironde.	16 juin 1862. Un vétérinaire départemental payé par vacations.	Pas de rapport.	Pas de r
34.	Hérault.	19 juin 1862. Depuis 1834, un service vétérinaire est constitué. Un vétérinaire par arrondissement, recevant 250 francs par an.	Pas de rapport.	Pas de r
35.	Ille-et-Vilaine.	16 juin 1862. Service vétérinaire organisé par arrondissements ou par groupe de cantons. 2 vétérinaires d'arrondissement à 300 francs chacun. Chaque vétérinaire de groupe (6) de cantons reçoit 250 francs et 200 francs, en tout 2,000 francs, plus 300 francs pour faire face aux déplacements. On propose d'augmenter les allocations par des souscriptions communales. Demeure obligée au chef-lieu du groupe.	Pas de rapport.	Pas de r

	1866.	1867.	1868.
8 mai 1866. …ts, par communes, par 5 communes : charbon, …es, cachexie, clavelée. 8 communes : clavelée, communes : morve, far- …avelée. : rien. …préfet. …u d'importance (vaccine clavelée. Le rapport a	11 mars 1867. Tableau par arrondissements, par communes, par maladies. Arrondissement de NIMES, 4 communes : beaucoup de clavelée (pas d'inoculation, malgré l'avis du vétérinaire); assez bonne appréciation des pertes. Arrondissement d'ALAIS, 2 communes : clavelée. Arrondissement d'UZÈS, 13 communes : clavelée partout ; sang de rate dans une commune. Arrondissement du VIGAN, 3 communes : clavelée. Rapport du préfet. Beaucoup de détails n'ayant que peu d'intérêt.	15 février 1868. Tableau par arrondissements, par communes, par maladies. Arrondissement de NIMES, 7 communes : clavelée, morve. Arrondissement d'ALAIS : néant. Arrondissement d'UZÈS, 4 communes : clavelée, morve, gastro-conjonctivite. Arrondissement du VIGAN, 4 communes : clavelée. Rapport au préfet.	13 février 1869. Tableau par arrondissements, par communes, par maladies. Arrondissement de NIMES, 16 communes : clavelée seulement; quelques clavélisations et quelques vaccinations. Arrondissement d'ALAIS, 3 communes : farcin fréquent; maladies épizootiques sur les volailles; aucune observation; clavelée. Arrondissement d'UZÈS, 15 communes : sang de rate, clavelée, morve. Arrondissement du VIGAN, 6 communes : clavelée, piétin. Rapport du préfet.
22 mars 1866. …r espèces, par maladies …morts. —Mouton: rage ; (insignifiant).	11 février 1867. Tableau par communes, par espèces et par maladies (2 communes). Bœuf : péripneumonie ; 37 morts. Rapport du préfet (insignifiant).	18 mars 1868. Tableau par communes, espèces et maladies (3 communes). Bœuf : péripneumonie ; 8 morts. Rapport du préfet (insignifiant).	18 mars 1869. Tableau par communes, espèces et maladies (8 communes). Mouton : clavelée : 26 morts. —Cheval : morve : 5 morts. —Bœuf : péripneumonie ; 3 morts. Rapport du préfet (insignifiant).
…pport.	Pas de rapport.	Août 1868. Tableau manuscrit; nom de la maladie; nature et causes; marche et symptômes; durée et terminaison; lésions; pertes; traitement. Bœuf : péripneumonie contagieuse; 27 morts sur 33, qui étaient dans les étables infectées; charbon dans une commune, 7 morts. Rapport du préfet. Évidemment fait sur des notes d'un vétérinaire.	Août 1839. Tableau connu en 1868. Charbon dans 3 communes; 12 morts. Rapport du préfet.
…pport.	Pas de rapport.	Pas de rapport.	23 mars 1869. Une feuille en blanc, du préfet, dit qu'il n'y a eu ni enzootie, ni épizootie en 1867 et en 1868.
…pport.	7 mai 1867. Tableau manuscrit, par maladies, par espèces. Clavelée : 2.000 morts sur 8.000 malades. Description surabondante de la maladie. Pas d'inoculation. Morve : 4 morts. Rapport du préfet.	20 juillet 1868. Tableau manuscrit, par maladies, espèces. Clavelée : 1.900 morts sur 5.000 malades. Pas d'inoculation. Sang de rate : 220 morts. La transhumation a arrêté le mal. La saignée au début est recommandée. Morve : 13 malades, chevaux et mulets. Rapport du préfet.	20 mars 1869. Tableau manuscrit par maladies, espèces. Clavelée : mortalité, un cinquième. Sang de rate apoplectique, saignée au début, émigration. Morve aiguë (4 morts). Rapport du préfet.
…pport.	Pas de rapport.	23 mars 1869.	23 mars 1869.
		Un simple rapport du préfet pour les deux années. Point de maladies enzootique ou épizootique, dit le préfet; cependant, il signale l'invasion d'une bouverie par la fièvre charbonneuse, qui avait été soupçonnée comme ayant les caractères du typhus. 3 vétérinaires qui ont été consultés ont rectifié l'erreur. (Novembre 1868.)	

DÉPARTEMENTS.	1862	1864.	1865.	1866.	1867.	1868.
26. Drôme.	Pas de service vétérinaire. 2? juin 1862.	5 mars 1865. Tableau par arrondissements, par communes, espèces, maladies. 14 communes. [illegible] Rapport du préfet, peu intéressant.	1er janvier 1866. Tableau par arrondissements, par communes, [illegible] Rapport du préfet, peu intéressant.	25 février 1867. Tableau par arrondissements, communes, espèces, maladies. [illegible] Rapport du préfet, peu intéressant.	2? février 1868. [illegible] Rapport id. [illegible] rien d'intéressant.	18 février 1868. Tableau par communes. [illegible] Extrait du préfet, [illegible].
27. Eure.	14 juin 1862. Pas de service vétérinaire constitué.	2 novembre 1865. [illegible] Rien d'intéressant et d'intéressant.	[illegible] Pas de tableau. [illegible] Rien d'intéressant.	25 février 1867. Pas de tableau. [illegible] Rien d'intéressant.	12 décembre 1866. [illegible] [illegible].	2? [illegible] 1868. [illegible] (À suivre.)
28. Eure-et-Loir.	14 juin 1862. Pas de service vétérinaire constitué.	15 juin 1865. Tableau par maladies. [illegible]	14 avril 1865. Tableau par arrondissements et par maladies. [illegible] Rapport du préfet: sans intérêt.	15 avril 1867. [illegible] le même rapport qu'en 1865.	5? mars 1868. [illegible] le même rapport qu'en 1865.	31 mars 1868. [illegible] [illegible].
29. Finistère.	17 juin 1862. Pas de service vétérinaire constitué.	16 janvier 1865. Tableau par maladies. [illegible] Rapport du préfet: intéressant.	3 [illegible] 1866. [illegible]	Pas de rapport.	1er février 1868. Tableau par arrondissements et par maladies. [illegible]	13 février 1868. Tableau par arrondissements et par maladies. [illegible] Rapport du préfet.

DÉPARTEMENTS.	1862.	1864.	1865.	1866.	1867.	1868.
30. Gard.	[illegible]	Pas de rapport.	[illegible]	[illegible]	[illegible]	[illegible]
31. Garonne (Haute-).	[illegible]	[illegible]	[illegible]	[illegible]	[illegible]	[illegible]
32. Gers.	[illegible]	Pas de rapport.	Pas de rapport.	Pas de rapport.	[illegible]	[illegible]
33. Gironde.	[illegible]	Pas de rapport.	Pas de rapport.	Pas de rapport.	Pas de rapport.	[illegible]
34. Hérault.	[illegible]	Pas de rapport.	Pas de rapport.	[illegible]	[illegible]	[illegible]
35. Ille-et-Vilaine.	[illegible]	Pas de rapport.	Pas de rapport.	Pas de rapport.	[illegible]	[illegible]

DÉPARTEMENTS.	1862.	1864.	186
41. Loir-et-Cher.	17 juin 1862. Quatre vétérinaires nommés : 1, arrondissement de Romorantin ; 1, arrondissement de Vendôme ; 2, arrondissement de Blois. Foires et marchés. Pas de traitement ; une indemnité de 8 francs par jour (décision ministérielle du 13 janvier 1808 et du 18 octobre 1819). Le préfet dit que c'est insuffisant.	29 juillet 1865. Pas de tableau. Un rapport du préfet qui rappelle une épizootie de fièvre charbonneuse, en 1863, à Sonesmes (140 morts), et qui expose que les honoraires de 8 francs par jour, payés aux vétérinaires, ne sont pas suffisants. Le préfet a envoyé en plus un rapport de M. Boiraux, vétérinaire, sur une enzootie de fièvre aphtheuse. Il est dit que les animaux soignés par les empiriques ont été malades plus longtemps ; un autre rapport sur le choléra des oiseaux de basse-cour (poules et dindons), près de Vendôme. Description de la maladie, causes, moyens préservatifs et curatifs. La viande est mangée sans inconvénients. Point de mesures de police.	Deux rapports de vétérinai 1° De M. Pétiau, vétérinai arrivé dans la circonscription rate du cheval, du bœuf, du lailles. Statistique des pertes mal limitées. On tue et on ma du mal. 2° De M. Girondeau, vétéri sur une épizootie de typhus c L'empirisme et le charlatanis Choléra des volailles (bons de les transports en chemin de : résumant très-bien ceux des pour l'arrondissement de Ven
42. Loire.	14 juin 1862. Pas de service vétérinaire.	16 juin 1865. Tableau par arrondissements, par communes et par maladies. Arrondissement de Montbrison ; 4 communes. Morve (4 morts). Péripneumonie contagieuse : on a guéri un certain nombre de malades par les sétons, les toniques végétaux, le sulfate de fer, une bonne nourriture salée. Fièvre aphtheuse dans tout le Forez. Le charbon du porc dans l'arrondissement de Roanne. Fièvre charbonneuse du porc (5 communes notamment), existant avec une maladie des poules analogue : traitement sans succès. Rien sur les causes. Charbon ; symptômes sur le bœuf ; curable. Arrondissement de Saint-Étienne. Néant. Rapport du préfet.	Tableau par arrondissemer maladies. Arrondissement de Montl 6 chevaux). Fièvre charbo déenne. Rage (2 vaches). Cl mortalité. La cachexie et le lait sec. Arrondissement de Roanı charbon sporadique ; plusieu Arrondissement de Saint-É Rapport du
43. Loire (Haute-).	17 juin 1862. Service vétérinaire divisé entre 7 vétérinaires chacun dans une circonscription bien déterminée. 200 fr. par an. Les charges qui leur sont imposées sont très-nombreuses. Elles sont prescrites dans un arrêté du préfet ; elles sont peu en rapport avec les 200 francs de traitement.	Pas de rapport.	Pas de ra
44. Loire-Inférieure.	16 juin 1862. Un vétérinaire du département........ 500 fr. Un pour l'arrondissement de Châteaubriant. 350 » Un pour l'arrondissement de Nantes...... 350 » Un pour l'arrondissement de Paimbœuf... 350 » Deux pour l'arrondissement de Savenay... » » a. Résidant à Pontassaleau.............. 450 » b. Résidant à Guérande................. 350 » Total........ 2,350 fr.	Pas de rapport.	Pas de ra

; .	1866.	1867.	1868.
16 juillet 1866. res au préfet. re à Blois, sur ce qui est de sa clientèle. Sang de mouton. Choléra des vo- , mais dans des contrées nge les volailles au début naire à la Motte-Beuvron, charbonneux à Souesmes. ne font beaucoup de mal. cuments); contagion par fer. Un rapport du préfet vétérinaires. Un tableau dôme.	Pas de rapport.	10 avril 1868 ou 1869. Rapport du préfet. Cachexie sur la rive gauche de la Loire; la maladie a disparu à l'aide de bons aliments. Le sang de rate sur la rive droite. Quelques cas de piétin. Choléra des poules, toujours incurable, a diminué d'intensité.	1er juin 1869. Rapport du préfet. Cachexie aqueuse sur les chevaux, bœufs et surtout sur les moutons (30,000 moutons malades). Sang de rate dans l'arrondissement de Vendôme. Choléra des poules presque complétement disparu.
10 mars 1866. ts, par communes et par brison. Morve chronique nneuse; infection palu- arbon du porc; grande piétin ont été rares; il a ic. Quelques affections : s cas de rage. tienne. Rien. préfet.	11 mai 1867. Tableau par arrondissements, par communes et par maladies. Arrondissement de Montbrison. Morve et farcin sur les chevaux des rouliers seulement. La péripneumonie contagieuse, qui vient ordinairement des montagnes, a été rare. Le coryza gangréneux sporadique a été fréquent. Le piétin fréquent. La gale avec cachexie. Charbon du porc fréquent. Arrondissement de Roanne. Sang de rate du bœuf. Fièvre charbonneuse du porc (400 dans 4 communes); les métis moins exposés. Péripneumonie contagieuse; assez de cas sans cause bien connue. Arrondissement de Saint-Étienne. Rien. Rapport du préfet. Documents utiles.	10 février 1868. Pas de tableau. Un simple rapport du préfet, qui signale la morve, le piétin et beaucoup de cas de rage.	23 mars 1869. Un simple rapport du préfet sur l'état sanitaire de l'arrondissement de Montbrison. Beaucoup de cas de maladies contagieuses et épizootiques. Morve. Fièvre charbonneuse du bœuf. Coryza aigu. Le charbon du porc: causes attribuées aux influences paludéennes. Ophthalmie enzootique grave, due à des changements brusques de température. Arrondissements de Roanne et de Saint-Étienne. Rien.
pport.	29 juin 1867. Rapport du préfet. Pas d'épizootie ni d'enzootie.	27 avril 1868. Rapport du préfet. Pas d'enzootie ni d'épizootie.	27 avril 1869. Rapport du préfet. Pas d'enzootie ni d'épizootie.
pport.	Pas de rapport.	30 mars 1869.	30 mars 1869.
		Un tableau pour les années 1867 et 1868, fait par M. Abadie, vétérinaire à Nantes, par maladies et espèces, symptômes, causes, traitement, lésions cadavériques. Morve, presque toujours due à la contagion (90 fois sur 100) et non à d'autres causes. Fièvre typhoïde (cheval), causes observées; contagion probable. Lésions assez bien décrites. Caillots dans le cœur; traitement par les révulsifs. Fièvre charbonneuse (cheval et bœuf); miasmes pour causes. Coryza avec ophthalmie et cérébélite. Symptômes, causes inconnues. Lésions. Péripneumonie contagieuse du bœuf. Cause: la contagion seule; eau goudronnée, vinaigre sternutatoire; pas de saignée. *Rage du chien du bœuf et du cheval.* Cause: presque toujours la contagion. Réflexion très-judicieuse sur la nécessité de l'emploi des mesures sanitaires dans une contrée entière où la pleuropneumonie règne, et non dans un département isolé seulement, tandis que le département voisin ne prend aucune mesure. Statistique des malades, des morts et des pertes bien faite.	

	DÉPARTEMENTS.	1862.	1864.	1865.	1866.	1867.	1868.
36.	**Indre.**	2 août 1862. Pas de service vétérinaire administrativement constitué.	Pas de rapport.	Pas de rapport.	Pas de rapport.	Pas de rapport.	Pas de rapport.
37.	**Indre-et-Loire.**	7 juillet 1862. Pas de service vétérinaire.	Pas de rapport.	Pas de rapport.	Pas de rapport.	17 mars 1868. Rapport du préfet. [illegible] sur la faille.	16 juin 1869. Tableau [illegible], par communes, par maladies. 24 communes. [illegible] : sang de rate [illegible] ; charbon [illegible] ; [illegible] ; [illegible] 4,858 malades. [illegible] sur les causes ni sur le traitement. Rapport du préfet.
38.	**Isère.**	27 juin 1862. Des vétérinaires chargés d'inspecter les étables et [illegible], reçoivent un traitement, savoir : à Grenoble, 1,800 francs ; à la Tour-du-Pin, 300 francs ; et à Vienne, 300 francs. Des inspecteurs [illegible] de [illegible], sont payés à part.	Pas de rapport.	Pas de rapport.	Pas de rapport.	26 mai 1868. Pas de tableau. Un rapport de M. Rey, vétérinaire à Grenoble, sur la [illegible]. [illegible] malades, 50 morts. Le vétérinaire [illegible]. Traitement [illegible]. [illegible] des membres [illegible].	25 mai 1869. Pas de tableau. Un rapport de M. Rey, vétérinaire à Grenoble. [illegible]. Causes, faits [illegible]. [illegible].
39.	**Jura.**	16 juin 1862. Un vétérinaire par arrondissement, payé [illegible] au nombre des communes : 313 communes .... 1,200 francs ; 192 — .... 277 — ; 137 — .... 600 — ; 82 — .... 300 — . Un inspecteur des foires et marchés.	21 janvier 1863. Envoi par le préfet de quatre rapports de vétérinaires. Reçus par arrêté [illegible]. Arrondissement de Poligny, M. Isperain, vétérinaire. Bœuf : [illegible]. Arrondissement de Saint-Claude, M. [illegible], vétérinaire. Bœuf : fièvre [illegible]. Arrondissement de Dôle, M. Copelant. Bœuf : fièvre [illegible]. Arrondissement de Lons-le-Saulnier, M. [illegible], vétérinaire. [illegible] épizootie.	3 janvier 1865. Envoi de quatre rapports de vétérinaires. Arrondissement de Poligny, M. Isperain. Bœuf : [illegible]. Arrondissement de Saint-Claude, M. [illegible], vétérinaire. Néant. Arrondissement de Dôle, M. Copelant. Bœuf : [illegible]. Arrondissement de Lons-le-Saulnier, M. [illegible], Néant.	21 janvier 1865. Envoi de quatre rapports de vétérinaires. Arrondissement de Poligny, M. Isperain, vétérinaire. [illegible]. Arrondissement de Saint-Claude, M. [illegible], vétérinaire. Bœuf : [illegible]. Arrondissement de Dôle, M. [illegible], vétérinaire. Néant. Arrondissement de Lons-le-Saulnier, M. [illegible], Néant.	25 janvier 1866. Quatre rapports de vétérinaires. Arrondissement de Poligny, Néant. Arrondissement de Saint-Claude, M. [illegible], vétérinaire. Bœuf : [illegible]. Arrondissement de Dôle, M. [illegible], vétérinaire. [illegible]. Arrondissement de Lons-le-Saulnier, Néant.	31 février 1867. Cinq rapports de vétérinaires. Arrondissement de Poligny, Néant. Arrondissement de Saint-Claude, M. [illegible]. Bœuf : [illegible]. Arrondissement de Dôle, M. [illegible]. [illegible]. Arrondissement de Lons-le-Saulnier, Néant.
40.	**Landes.**	19 juin 1862. Un vétérinaire par arrondissement, chargé des épizooties et de l'inspection des foires et marchés. 500 fr. au chef-lieu de préfecture, 300 fr. au chef-lieu d'arrondissement.	Pas de rapport.	Pas de rapport.	Pas de rapport.	Pas de rapport.	8 janvier 1869. Tableau par communes, par maladies. [illegible] communes ; [illegible]. Pertes importantes. [illegible]. Traitement [illegible]. Rapport du préfet.

DÉPARTEMENTS.	1862.	1864.	1865.	1866.	1867.	1868.
41. **Loir-et-Cher.**	15 juin 1862. Quatre vétérinaires nommés [illegible], arrondissement de Romorantin; 1. arrondissement de Vendôme; 2. arrondissement de Blois. [illegible]; une indemnité de 5 francs par jour. [illegible] ministérielle du 13 janvier 1866 et du 15 [illegible] 1866. Le préfet dit que c'est insuffisant.	29 juillet 1864. [illegible]	16 juillet 1864. [illegible]	Pas de rapport.	10 avril 1868 [illegible]. [illegible]	1er juin 1868. [illegible]
42. **Loire.**	15 juin 1862. Pas de service vétérinaire.	10 juin 1864. [illegible]	30 mars 1866. [illegible]	11 mai 1866. [illegible]	13 février 1868. [illegible]	25 mars 1868. [illegible]
43. **Loire (Haute-).**	15 juin 1862. Service vétérinaire [illegible].	Pas de rapport.	Pas de rapport.	28 juin 1867. [illegible]	27 avril 1868. [illegible]	27 avril 1868. [illegible]
44. **Loire-Inférieure.**	16 juin 1862. [illegible] Total [illegible] fr.	Pas de rapport.	Pas de rapport.	Pas de rapport.	30 mars 1868. [illegible]	30 mars 1868. [illegible]

DÉPARTEMENTS.	1862.	1864.	18
51. Marne.	16 juin 1862. Un vétérinaire départemental à 1,200 francs d'appointements.	27 décembre 1865. Le préfet a envoyé un travail intéressant de M. Guyot du Fresnay, vétérinaire à Châlons, *sur les pertes* occasionnées par les *maladies* quelconques. Par espèces, par maladies, par localités. On y trouve des opinions bien nettement formulées sur la non-contagion de la morve à l'homme, sur l'utilité des saignées préventives contre le sang de rate du bœuf. La péripneumonie a fait beaucoup de ravages. On a opposé à la clavelée l'inoculation. *Les maladies des volailles* peuvent être attribuées surtout *aux influences climatériques et atmosphériques.* Les pertes indiquées dans le travail de M. Guyot ne sont pas les seules ; celles des animaux traités par les empiriques manquent.	Pas de
52. Marne (Haute-).	24 juin 1862. Service organisé par arrêté du 10 septembre 1852. 4 vétérinaires pour 4 circonscriptions, 500 fr. pour chacun ; chargés de faire des inspections des foires ; contrôle des inspections au moyen de livrets signés par l'autorité locale.	20 mars 1866. Tableau manuscrit par maladies, espèces. Angine inflammatoire (*cheval*). Morve chronique (*cheval*). Pneumonie simple inflammatoire (*bœuf*). Sang de rate inflammatoire (*bœuf*). Perte : 90 pour 100. Rien sur le traitement. Clavelée ; perte de 10 à 40 pour 100. Point d'inoculation. Rapport du préfet, insignifiant.	Tableau par maladies, es culation. Fièvre charbonn rage (20 mordus, 9 morts) (*bœuf*). Rapport du préfet, insig
53. Mayenne.	11 juin 1862. Pas de service vétérinaire.	Pas de rapport.	Pas de
54. Meurthe.	16 juin 1862. Pas de service vétérinaire.	4 avril 1865. Un rapport du préfet résumant un travail très-intéressant de M. Lafontaine, vétérinaire à Nancy, qui est joint au rapport du préfet. M. Lafontaine a indiqué le moyen de prévenir le vertige symptomatique, produit par les fourrages des prairies artificielles. Usage de sulfate de soude. Il a fait cesser l'anémie enzootique par une alimentation mieux suivie. Il a combattu avec succès une enzootie de gourme avec pneumonie ; pas de saignée, mais des révulsifs. Contagion. Les conseils du vétérinaire ont été très-fructueux. Le préfet en témoigne. Documents intéressants.	Deux rapports de la préf zooties de gourme et d'un ont été arrêtées par les vét L'état sanitaire du dép grâce à une meilleure alin habitations.

65.	1866.	1867.	1868.
rapport.	Pas de rapport.	16 avril 1869. Un rapport du préfet, par arrondissements. Arrondissement de *Châlons*: piétin (mouton) et une affection typhoïde (cheval), au camp. Arrondissement de *Reims*: morve aiguë (5 chevaux de la même écurie). Arrondissement de *Vitry*: cachexie (mouton). Arrondissement de *Sainte-Menehould*: péripneumonie (cheval, 744 animaux de la même écurie) attribuée à la contagion. Piétin, pour lequel les vétérinaires sont rarement appelés. Choléra des poules. La viande n'est pas mangée. Documents peu importants.	16 avril 1869. Un rapport du préfet sur les maladies du département, avec indication de quelques localités. La gale (arrondissement de *Châlons*), une affection que l'on a crue charbonneuse. Arrondissement de *Reims*: sur la vache et sur le porc, une ophthalmie interne. (Cheval) piétin. Documents sans intérêt.
20 mars 1866. pèces. Clavelée. Point d'ino-euse (*cheval* et *bœuf*). La (*mouton*). Fièvre aphtheuse rifiant.	27 avril 1867. Tableau par maladies, par espèces. Fièvre charbonneuse (*bœuf*). Rien sur le traitement. Typhus charbonneux sporadique (*bœuf*). Rien sur les symptômes ni sur le traitement. Rapport du préfet.	4 février 1868. Rapport du préfet. Pas d'enzootie ni d'épizootie.	1er mai 1869. Tableau par espèces, par maladies. *Cheval*: angines contagieuses; traitement. Fièvre pétéchiale. Affection charbonneuse; médication tonique; perte: 80 pour 100. Fièvre charbonneuse. Point de symptômes caractéristiques différentiels bien évidents; cependant une tumeur à la peau; traitement. — *Mouton*: piétin; traitement par l'égyptiac et l'eau de Rabel. Rapport du préfet, insignifiant.
rapport.	Pas de rapport.	Pas de rapport.	17 mars 1869. Rapport du préfet, disant qu'à l'exception de quelques cas d'hématurie et de fièvre charbonneuse, il n'y a pas eu d'épizootie ni d'enzootie en 1867 et en 1868.
19 mars et 2 mai 1866. ecture, disant que deux en-e affection septicohémique érinaires de Nancy. artement est devenu bon, entation et à de meilleures	6 juin 1867. Un rapport du préfet résumant trois rapports de vétérinaires. 1° De M. Lafontaine, qui rappelle l'heureuse influence des conseils qu'il avait donnés précédemment. 2° De M. Rougieux, vétérinaire à Rosières, qui dit que l'on a pris toutes les précautions contre le typhus. Il mentionne une enzootie de gourme grave avec pneumonie, qu'il a combattue avec M. Desfontaines. 3° De M. Tisserand fils, vétérinaire à Nancy, qui a raconté que l'état sanitaire avait été généralement bon dans sa clientèle. Il a visité 415 chevaux, 43 bœufs, plus 92 autres animaux dont 3 chiens enragés. Il sait que le piétin a existé, mais il n'a pas vu les malades. De très-bonnes choses sur l'état de l'hygiène des animaux en général.	25 mars 1867. Un tableau très-succinct, par arrondissement, par maladies, résumant trois rapports de vétérinaires. Arrondissement de Château-Salins. 7 communes; fièvre charbonneuse, morve, affection typhoïde. Arrondissement de Nancy. 5 communes. Gourme avec pneumonie, affection typhoïde, piétin. Arrondissement de Sarrebourg. 3 communes. Gourme, affection typhoïde. Les rapports des trois vétérinaires s'accordent à dire qu'avec les affections gourmenses, les complications des maladies des organes thoraciques ont plutôt cédé aux exutoires, aux toniques et à un bon régime, qu'aux saignées. Ces maladies, très-contagieuses, étaient fréquentes. Peu de perte.	16 mars 1869. Tableau très-succinct par arrondissements, par communes, par maladies. Cinq rapports de vétérinaires. Arrondissement de Château-Salins. 4 communes. Piétin, morve, fièvre charbonneuse. Arrondissement de Nancy. 9 communes. Fièvre charbonneuse, gourme, gale, fièvre typhoïde. Arrondissement de Sarrebourg. 2 communes. Entérite. Documents intéressants.

DÉPARTEMENTS.	1862.	1864.	1865.	1866.	1867.	1868.
45. Loiret.	Pas de service vétérinaire. 14 juin 1862.	21 février 1865. [illegible] Rapport du préfet.	[illegible] avril 1866. [illegible] Rapport du préfet.	30 octobre 1867. [illegible] Rapport du préfet.	10 décembre 1868. Tableau par communes, par espèces, par maladies. [illegible] Les mêmes causes qu'en 1866. Rapport du préfet.	29 mai 1869. Tableau par communes, par espèces, par maladies. [illegible] Les mêmes causes qu'en 1867. Rapport du préfet.
46. Lot.	19 juin 1862. Pas de service vétérinaire administrativement constitué.	9 février 1865. Rapport du préfet. Pas d'enzootie ni d'épizootie.	30 février 1865. Pas de tableau: un rapport de M. [illegible], vétérinaire à Cahors, [illegible]	Pas de rapport.	22 octobre 1868. Rapport du préfet. Pas d'enzootie ni d'épizootie.	10 avril 1869. Rapport du préfet. Pas d'enzootie ni d'épizootie.
47. Lot-et-Garonne.	18 juin 1862. Pas de service vétérinaire administrativement constitué. Seulement un vétérinaire départemental à 2,500 francs de traitement.	Pas de rapport.	Pas de rapport.	Pas de rapport.	Pas de rapport.	23 mars 1869. Pas de tableau. Rapport du préfet. [illegible]
48. Lozère.	18 juin 1862. Les arrondissements de Mende et de Florac, chacun un vétérinaire à 600 francs. L'arrondissement de Marvejols, deux, l'un à 600 francs, l'autre à 500 francs. De plus, une somme de 400 francs [illegible] [illegible] à raison de 3 francs par vacation.	31 mai 1865. Un tableau par maladies, par espèces: ce simples énumérations, pour ainsi dire, de [illegible] [illegible] Rapport du préfet, insignifiant.	31 mars 1866. Un tableau par maladies, par espèces; de simples énumérations d'arthrite, de [illegible] [illegible] Rapport du préfet, insignifiant.	15 mars 1867. Tableau par maladies, par espèces. [illegible] Pas de statistique. Rapport du préfet, insignifiant.	17 mars 1868. Tableau par maladies, par espèces; simple énumération des maladies [illegible] Pas de statistique.	6 mars 1869. Tableau par maladies, par espèces; simple énumération de 13 maladies, dont le plus grand nombre spéciales. Point de statistique. Rapport du préfet.
49. Maine-et-Loire.	16 juin 1862. Pas de service vétérinaire.	30 janvier 1865. Rapport du préfet. Pas d'enzootie ni d'épizootie.	31 janvier 1866. Rapport du préfet, qui signale [illegible]	29 août 1867. Simple rapport du préfet, qui dit qu'il n'y a pas eu d'enzootie dans le département; et, d'un autre côté, [illegible] Rapport insuffisant. Point de mesures de police sanitaire signalées.	30 janvier et 10 février 1868. Toujours un simple rapport du préfet, qui dit seulement que les ravages de la [illegible]	Pas de rapport.
50. Manche.	14 juin 1862. Pas de service vétérinaire.	12 février 1865. Rapport du préfet. Pas d'enzootie ni d'épizootie.	15 avril 1866. Un tableau par maladies. La moitié seulement. Beaucoup de maladies; le nombre n'en est pas indiqué. Mortalité: 3 pour 100. Point de cause [illegible]. Rapport du préfet, insuffisant.	20 juin 1867. Rapport du préfet. Pas d'épizootie ni d'enzootie.	24 juin 1868. Un tableau par maladies. La moitié seulement. Point de statistique. Causes et traitement: rien de particulier. [illegible] Rapport du préfet, insuffisant.	2 avril 1869. Rapport du préfet. Pas d'enzootie ni d'épizootie.

DÉPARTEMENTS.	1863.	1864.	1865.	1866.	1867.	1868.
51. Marne.	[illegible]	[illegible]	Pas de rapport.	Pas de rapport.	[illegible]	[illegible]
52. Marne (Haute-).	[illegible]	[illegible]	[illegible]	[illegible]	[illegible]	[illegible]
53. Mayenne.	Pas de service vétérinaire.	Pas de rapport.	Pas de rapport.	Pas de rapport.	Pas de rapport.	[illegible]
54. Meurthe.	Pas de service vétérinaire.	[illegible]	[illegible]	[illegible]	[illegible]	[illegible]

	DÉPARTEMENTS.	1862.	1864.	18
58.	**Nièvre.**	16 juin 1862. Pas de service vétérinaire. Quand on donne une mission au vétérinaire, on lui accorde 8 francs par jour.	14 octobre 1865. Un tableau par arrondissements, par communes, par espèces, par maladies. Arrondissement de *Nevers*, 7 communes. Indications des maladies qui ont régné dans chaque commune, et le nombre des animaux morts ; morve, charbon, fièvre typhoïde, paralysie, rage, fièvre charbonneuse, Rage chez le bœuf et le porc. Arrondissement de *Château-Chinon*. Cocotte, fièvre charbonneuse, 2 communes et tout un canton. Arrondissement de *Cosne*. 2 communes. Tranchées. Arrondissement de *Clamecy*. 6 communes : cocotte, description surabondante. Fièvre charbonneuse, gastro-entérite, hématurie. Bœuf : fièvre typhoïde. Pas d'intérêt.	Tableau par arrondisse espèces, par maladies. Arrondissement de *Neve* porcs : cocotte. Arrondissement de *Cosn* Arrondissement de *Clam* charbonneuses (description Arrondissement de *Chât* Documents sans intérêt.
59.	**Nord.**	11 juillet 1862. Un arrêté du 25 mars 1840 avait organisé un service vétérinaire : 800 francs au vétérinaire en chef. 400 francs aux vétérinaires ordinaires. 200 francs aux vétérinaires adjoints. Le Conseil général a supprimé ce service en 1844 ; seulement, un crédit de 1,000 francs est destiné à accorder des indemnités.	7 novembre 1865. Un tableau pour chaque arrondissement, signé par un vétérinaire ; disposé par communes, espèces et maladies. Arrondissement de *Douai*, M. Delplanque ; morve : 20 cas, affection typhoïde (cheval), 12 cas. Bœuf, pleuropneumonie exsudative. On livre les animaux à la boucherie, au début des maladies (685 animaux). On a pratiqué l'inoculation avec succès. Cocotte ; rien sur les causes et le traitement des maladies. Arrondissement de *Dunkerque*, M. Geersen : cheval, morve ; péripneumonie (9 malades, 3 guéris, 2 morts, 4 tués et mangés). Arrondissement de *Lille*, M. Pommeret ; cheval, morve. Bœuf, péripneumonie, cocotte. Rien sur les causes ni sur le traitement. Arrondissement de *Valenciennes*, M. Huart ; cheval, morve ; bœuf, péripneumonie ; contagion ; on tue pour la boucherie ; fièvre charbonneuse, sang de rate, saignée ; contagion par inoculation ; on peut manger la viande et boire le sang sans contracter la maladie.	Un tableau ou un rapp arrondissement, rédigé pa port du préfet, résumant *Douai* : morve, péripneum à l'abattoir, 581 étaient m cès. Typhus contagieux d dans les comptes-rendus du Arrondissement de *Dunker* contagion ; inoculation av plômes ; traitement promp *Lille* : morve, péripneumo Rapport du Conseil d'hygiè *lenciennes* : morve, 5 con communes ; inoculation av Arrondissement d'*Avesa* de chaque commune. Arrondissement d'*Hazeb* ripneumonie. Cocotte, hé tin. Documents très-impor
60.	**Oise.**	14 juin 1862. Le Conseil général accorde, chaque année, 600 francs au vétérinaire de l'arrondissement de Beauvais, et 900 francs à partager entre trois vétérinaires des trois autres arrondissements.	Pas de rapport.	Le préfet a envoyé un vail manuscrit in-folio de 1 *Statistique raisonnée des m* *zootiques dans le départe.* *1865*, par M. Ernest D vais, etc., etc. On y trouv des faits très-instructifs ; o phie du département et l' épizooties. Un vétérinaire 1832. Inspection des foire ment des animaux des d époques, l'état des cultures *plus en 1814, 1815 et 18* *dies charbonneuses, de la* *tro-entérite ; de la rage, de* *de la clavelée.* Documents à consulter.

65.	1866.	1867	1868.
22 novembre 1866. …ments, par communes, par …rs, 4 communes. Bœufs et … : néant. …ecy. 9 communes (maladies …). (Pertes : 60.) …au-Chinon : néant.	Pas de rapport.	Pas de rapport.	Pas de rapport.
25 août 1866. …ort succcinct pour chaque …r des vétérinaires. Un rap- …le tout. Arrondissement de …onie. Sur 4,258 bœufs tués …lades. Inoculation avec suc- …5 communes, descriptions …Conseil d'hygiène. Cocotte. …ue : morve, péripneumonie, …ec succès. Charbon, sym- …t utile. Arrondissement de …nie, typhus (2 communes). …ne. Arrondissement de *Va-* …munes. Péripneumonie, 6 …ec succès. …es. Indication des maladies …*ouck* : morve, gourme, pé- …naturie, avortements. Pié- …ants.	3 juillet 1867. Un tableau ou un rapport par les vétérinaires d'arrondissement. Arrondissement de *Douai* : morve, rage. Arrondissement de *Dunkerque* : morve, péripneumonie, gale. Arrondissement de *Lille* : pas de rapport. Arrondissement de *Valenciennes* : morve, péripneumonie ; en décroissance, grâce à une meilleure hygiène et à l'inoculation. Arrondissement d'*Avesnes* : morve, péripneumonie, piétin. Arrondissement d'*Hazebrouck* : Péripneumonie ; moins de pertes ; inoculation. Arrondissement de Cambrai : néant. M. Pommeret, vétérinaire départemental, a adressé un rapport et un tableau résumant l'état sanitaire du département au Conseil d'hygiène.	23 juillet 1867. Un tableau pour chaque arrondissement par les vétérinaires. Résumé de ces tableaux dans un rapport de M. Pommeret, vétérinaire départemental au Conseil de salubrité. Le rapport signale la morve et la péripneumonie contagieuse. La question de l'inoculation de la péripneumonie y est discutée. En résumé, cette opération, quoique ayant été quelquefois suivie d'accident et de récidive, est considérée comme avantageuse. M. Pommeret propose de mettre la péripneumonie au nombre des cas rédhibitoires.	7 juillet 1869. Un tableau pour chaque arrondissement par les vétérinaires. Un résumé de ces tableaux dans un rapport avec tableau, de M. Pommeret, au Conseil central d'hygiène et de salubrité du département. Le rapport signale surtout la morve, la péripneumonie contagieuse, la rage, le piétin, l'hématurie, la fièvre charbonneuse ; toujours l'inoculation de la péripneumonie est très-favorable, mais non infaillible. Il y a eu des récidives. La maladie augmente. On propose d'ajouter cette maladie aux cas rédhibitoires. On ne fait des visites préventives contre la morve que dans le canton de Roubaix. Les statistiques manquent.
3 février 1866. …xcellent et très-grand tra- …45 pages, ayant pour titre : …*aladies contagieuses et épi-* …*nent de l'Oise, de 1746 à* …*nos,* vétérinaire à Beau- …c des idées excellentes et …n y trouve aussi la topogra- …organisation du service des …par arrondissement depuis …s et marchés ; dénombre- …iverses espèces à diverses …, etc., etc. Les effets du *ty-* …*46 ; de la morve, des mala-* …*ièvre aphtheuse, de la gas-* …*la péripneumonie en 1830,*	Pas de rapport.	30 mars 1869. Un tableau du préfet, qui résume les rapports des vétérinaires d'arrondissement ; un rapport est joint au tableau. En général, état sanitaire satisfaisant. Le tableau récapitulatif indique les maladies, les espèces d'animaux, les pertes. Rage du bœuf (2) ; morve (15) ; clavelée (3) ; pleuropneumonie (15) ; sang de rate (115) ; charbon du bœuf (1) ; farcin aigu (2). Renseignements probablement incomplets.	Pas de rapport.

DÉPARTEMENTS.	1862.	1864.	1865.	1866.	1867.	1868.
55. Meuse.	[illegible]	[illegible]	[illegible]	[illegible]	[illegible]	[illegible]
56. Morbihan.	[illegible]	[illegible]	[illegible]	[illegible]	[illegible]	[illegible]
57. Moselle.	[illegible]	[illegible]	[illegible]	[illegible]	[illegible]	[illegible]

DÉPARTEMENTS.	1863.	1864.	1865.	1866.	1867.	1868.
58. Nièvre.	Pas de service vétérinaire. Quand on donne une mission au vétérinaire, on lui accorde 8 francs par jour.	[illegible, largely faded]	[illegible, largely faded]	Pas de rapport.	Pas de rapport.	Pas de rapport.
59. Eure.	[illegible, largely faded]	[illegible, largely faded]	[illegible, largely faded]	[illegible, largely faded]	[illegible, largely faded]	[illegible, largely faded]
60. Oise.	[illegible, largely faded]	Pas de rapport.	[illegible, largely faded]	Pas de rapport.	[illegible, largely faded]	Pas de rapport.

DÉPARTEMENTS.	1862.	1864.	18
65. Pyrénées (Hautes-).	27 juin 1862. Il existait un service vétérinaire. Un vétérinaire par arrondissement. 1,200 fr. au chef-lieu et 800 fr. pour les autres arrondissements. Il n'en existe plus aujourd'hui.	Pas de rapport.	Pas de
66. Pyrénées-Orientales.	19 juin 1862. Pas de service vétérinaire.	23 février 1865. Le préfet a adressé trois tableaux : 1° Un rédigé par M. Rouzane, vétérinaire, pour l'arrondissement de Perpignan. Il n'y est question que de la morve (110 animaux). 2° Un second rédigé par le sous-préfet de l'arrondissement de Prades, qui ne mentionne que la stomatite aphtheuse. 3° Un troisième tableau par le sous-préfet de l'arrondissement de Céret, où l'on mentionne le piétin et le glossopède. Rien d'intéressant.	Le préfet a adressé trois 1° Un de M. Rouzane, v-sement de Perpignan. 2° Un par le sous préfet des, où la péripneumonie dans la commune de Saint 3° Un tableau par le so mentionné le charbon esse des). Traitement chirurgi (200 morts). Traitement hy piétin. Rien d'intéressant.
67. Rhin (Bas-).	19 juin 1862. Le conseil général accorde 3,200 fr. pour le service vétérinaire. qui est réglementé par un arrêté du 17 décembre 1865 ; chaque vétérinaire d'arrondissement reçoit 400 fr. de fixe et il peut recevoir 800 fr., s'il remplit sa mission, qui est prescrite par un règlement.	Pas de rapport.	Pas de
68. Rhin (Haut-).	20 juin 1862. Un service vétérinaire a existé jusqu'en 1852. Chaque vétérinaire d'arrondissement recevait 300 fr. Aujourd'hui, un crédit de 500 fr. seulement est voté pour les mesures à prendre en cas d'épizooties.	20 février 1865. Un tableau très-succinct du préfet sur documents fournis par les maires et les vétérinaires, avec une colonne d'observations très-intéressantes sur la fièvre aphtheuse du bœuf et du mouton, sur le mal rouge du porc, sur la rage, sur la péripneumonie contagieuse, sur le vertigo du cheval. Tableau par communes, par maladies. Nombre des malades, nombre des morts attribuées à chaque maladie, localités indiquées. Fièvre aphtheuse (*bœuf*) ; 23 communes, 27 malades, 2 morts. Mal rouge (4 communes) ; 1,400 malades, 1,200 morts. Fièvre aphtheuse (*mouton*) ; 50 malades, 10 morts. Vertigo : 16 malades, 8 morts. Rage (*chiens*) ; 11 malades, 11 morts. Péripneumonie contagieuse (53 malades, 53 morts).	Mêmes remarques génér vations sont relatives aux qui sont indiquées dans u péripneumonie contagieus lades, 171 morts. Fièvre 112 malades, 0 mort Clavel lades, 720 morts. Fièvre cl munes ; 54 malades, 12 m (*cheval*) ; 1 commune ; 10 rie (*bœuf*) ; 4 communes ; Les symptômes ni le trai qués. Documents intéressants
69. Rhône.	17 juin 1862. Le préfet considère l'École vétérinaire de Lyon comme constituant un service vétérinaire administrativement organisé.	20 février 1865. Un rapport de M. Tisserand, professeur à l'Ecole vétérinaire de Lyon, où sont seulement mentionnés quelques cas isolés de stomatite aphtheuse, plusieurs cas d'avortement sans causes bien connues, une affection galeuse sur les moutons, au parc de la *Tête-d'Or*. Il n'est pas question de traitement.	Un rapport de M. Tisse 1° Que la rage du chien temps humides, et que ce rarement spontanée ; 2° Que l'abus du sel de est mortel ; 3° Que le typhus n'est]

65.	1866.	1867.	1868.
rapport.	Pas de rapport.	Pas de rapport.	2 juin 1869. Un tableau du préfet par communes et par maladies; quelques communes sont désignées. Il n'est question que de la péripneumonie contagieuse, introduite par des animaux étrangers. Ce document est peu important. Le préfet dit avoir adressé au ministre un rapport spécial sur la péripneumonie dans l'arrondissement de Tarbes, et un autre sur une épizootie des animaux de basse-cour.
22 mars 1866. tableaux: étérinaire. Néant. Arrondis- de l'arrondissement de Pra- contagieuse s'est montrée e Léocadie. us-préfet de Céret; il y est ntiel (2 morts sur 25 mala- cal actif. Le sang de rate giénique et une saignée. Le	Pas de rapport.	30 mars 1869. Le préfet a adressé trois tableaux pour l'année 1867. 1° Un tableau de M. Rouzane, vétérinaire à Perpignan. La clavelée y est mentionnée; elle y a été importée par des moutons venant d'Afrique. 2,156 morts sur 29,219 malades. Clavélisation. 2° Un tableau du sous-préfet de Prades. Pleuropneumonie (5 communes). Perte: 14,500 fr. 3° Un tableau du sous-préfet de Céret. Clavelée introduite par des animaux venant d'Afrique. Sang de rate (*mouton*). 50 morts sur 400 bêtes. Peu intéressant.	30 mars 1869. Le préfet a adressé trois tableaux: 1° Un tableau de M. Rouzane, vétérinaire à Perpignan. 3 communes. Clavelée. 2,769 malades, 117 morts. Péripneumonie contagieuse aux environs de Perpignan. 2° Un tableau du sous-préfet de Prades. Clavelée (6 communes), importée d'Espagne. Fièvre charbonneuse (*mouton*). Perte: 300 fr. 3° Un tableau de M. le sous-préfet de Céret. Piétin (3 communes). Peu intéressant.
rapport.	Pas de rapport.	Pas de rapport.	Pas de rapport.
2 février 1866. ales qu'en 1864. Les obser- maladies qui ont régné et n tableau succinct, savoir: : (11 communes); 222 ma- aphtheuse (3 communes); ée (8 communes); 1,304 ma- arbonneuse (*bœuf*); 2 com- orts. Charbon avec tumeurs malades, 4 morts. Hématu- 12 malades, 7 morts. lement curatif ne sont indi- malgré cela.	20 février 1867. Toujours une colonne d'observations, très-intéressantes, sur la nature, les causes et le traitement des maladies qui sont indiquées dans un tableau par communes et par maladies. Cachexie des os (*bœuf*); 11 communes; 1,443 malades, 1,103 animaux tués pour la boucherie. Péripneumonie contagieuse (8 communes); 101 malades, 84 tués pour la boucherie. Morve (2 communes); 13 malades, 12 sacrifiés. Fièvre charbonneuse (3 communes); 48 malades, 28 morts. Hématurie (2 communes); 58 malades, 2 morts. Mal rouge du porc (2 communes); 85 malades, 48 morts. Documents importants.	17 février 1868. Un tableau par communes, par maladies, avec une grande colonne contenant des notions très-instructives sur la nature, les causes et le traitement des maladies enzootiques qui sont mentionnées au tableau. Morve (9 communes); 21 malades, 19 sacrifiés. Paraplégie (*cheval*); 10. Péripneumonie (*bœuf*); 10 communes; 128 malades, 110 tués pour la boucherie, 10 morts. Charbon essentiel apoplectique (4 communes); 8 malades, 8 morts. Fièvre aphtheuse, 10 morts. Erysipèle gangréneux du porc (4 communes); 120 malades tués et mangés au début de la maladie. Ostéoclastic (*bœuf*); une commune; 5 morts, 5 guéris.	15 mars 1869. Toujours les mêmes dispositions dans les documents adressés par le préfet. Des remarques très-instructives dans la colonne d'observations. Le tableau récapitulatif indique ce qui suit: Morve (3 communes); 25 malades, 25 sacrifiés. Péripneumonie contagieuse (3 communes); 43 malades; 38 tués pour la boucherie, 5 morts. Charbon (3 communes); 42 malades, 21 morts.
2 février 1866. ant, exposant: a été plus fréquente par les lle maladie n'est que très- cuisine donné aux animaux as spontané en France.	31 décembre 1866. Un rapport de M. Tisserant, qui ne signale que les effets pernicieux du sel de cuisine et de l'urine chez les ruminants, et quelques cas de mort subite à la *Tête d'Or*. On dit seulement que ces cas de mort ne sont pas des cas de typhus.	24 janvier 1868. Un rapport de M. Tisserant, qui dit qu'il n'a existé aucune maladie réellement enzootique, si ce n'est une pneumonie typhoïde sur les chevaux de grandes entreprises de Lyon. Les causes ni le traitement ne sont indiqués.	8 février 1869. Un rapport de M. Tisserant, qui ne relate que l'apparition de la péripneumonie contagieuse au parc de la *Tête d'Or*, à Saint-Just et dans quelques autres communes. La rage est encore assez fréquente. On a pris des mesures contre la propagation de la maladie.

DÉPARTEMENTS.	1863.	1864.	1865.	1866.	1867.	1868.
61. Orne.	15 juin 1863. Pas de service vétérinaire.	15 mars 1865. Rapport du préfet. Un tableau : néant.	15 mars 1866. Rapport du préfet. Un tableau : néant.	16 mars 1867. Un tableau par espèce, maladies. Une ressource : néant.	29 janvier 1868. Rapport du préfet. Un tableau : néant.	11 février 1869. Rapport du préfet : néant.
62. Pas-de-Calais.	16 juin 1863. Il y a eu un service ; aujourd'hui, il n'y en a plus. Toutefois, par arrêté du 11 juin 1850 les sous-préfets sont autorisés à désigner des vétérinaires pour surveiller les foires et marchés. Les vétérinaires reçoivent 4 francs par vacation en [illegible], et 3 francs par [illegible] parcours.	30 mars 1865. Un tableau par le préfet sur des renseignements fournis par les vétérinaires ; par arrondissement, par commune, par maladie. On indique les maladies ont été signalées dans les communes. Arrondissement d'Arras : morve 13 communes ; [illegible] la pleurésie [illegible] 8 communes ; [illegible] 8 communes ; péripn. 6 communes ; gale, 6 communes. Arrondissement de Béthune : [illegible] morve, [illegible] clavelée, 3 communes. Arrondissement de Montreuil : morve 10 communes ; typhus [illegible]. Arrondissement de Saint-Omer : [illegible].	3 février 1866. Un tableau par le préfet sur des renseignements fournis par les vétérinaires, par arrondissement, par commune, par maladie. Arrondissement d'Arras : morve 14 communes ; pneumonie exsudative 10 communes ; péripneumonie contagieuse 11 communes ; morve 11 communes ; gale, 4 communes. Arrondissement de Béthune : péripneumonie, clavelée 12 communes. Arrondissement de Montreuil : morve 16 communes ; typhus exsudatif, clavelée. Arrondissement de Boulogne. Arrondissement de Saint-Omer : péripneumonie 16 communes.	30 mars 1867. Un tableau par le préfet sur des documents de vétérinaires, classés par arrondissement, par commune, par maladie. Arrondissement d'Arras : pneumonie exsudative 13 communes ; fièvre sur l'inoculation, fièvre charbonneuse 10 communes ; clavelée 11 communes ; gale 5 communes. Arrondissement de Béthune : rien. Arrondissement de Montreuil : morve 13 communes. Arrondissement de Boulogne : rien. Arrondissement de Saint-Omer : morve 2 communes. Arrondissement de Saint-Pol : morve et rage du loup, 3 communes.	6 mars 1868. Un tableau par le préfet sur documents vétérinaires, par arrondissement, par commune, par maladie. Arrondissement d'Arras : morve 14 communes ; gale 16 communes. Pneumonie contagieuse 10 communes ; [illegible] morve, fièvre charbonneuse 16 communes ; [illegible] 3 communes. Arrondissement de Béthune : fluxion commune, [illegible] 2 communes. Péripneumonie, clavelée, [illegible] commune. À [illegible] de Boulogne : péripneumonie et morve, [illegible] 13 communes. Arrondissement de Saint-Omer : morve 14 communes, péripneumonie, [illegible] 3 communes. Arrondissement de Saint-Pol : péripneumonie, morve une commune. Gale, charbon [illegible] commune. Morve 3 communes.	16 mars 1869. Un tableau du préfet sur documents vétérinaires, par arrondissement, par commune, par maladie. Arrondissement d'Arras : morve 14 communes, affection typhoïde 40 communes ; [illegible] pneumonie exsudative, morve et [illegible]. On [illegible] d'Arras, près 6 communes. Plus [illegible] 4 communes. Arrondissement de Béthune : rien. Arrondissement de Boulogne : péripneumonie contagieuse 3 communes, morve 39 communes, sans indication de maladie d'autres. Arrondissement de Montreuil : péripneumonie, [illegible] 4 communes ; inoculation, morve 45 communes. Arrondissement de Saint-Omer : rien. Arrondissement de Saint-Pol : morve, [illegible] commune, affection typhoïde, charbon 46 communes. Péripneumonie contagieuse, morve 45 communes ; inoculation.
63. Puy-de-Dôme.	30 juin 1863. De 1814 à 1830, un service organisé d'après le décret du 15 janvier 1813 : chaque vétérinaire d'arrondissement, 800 francs. Le titre de vétérinaire d'arrondissement est honorifique maintenant.	8 juin 1865. Un tableau par maladies, sans indication de localité ni d'espèce. Fièvre aphteuse : 30 à 40 morts en tout, et par 450 cas malades.	Pas de rapport.	Pas de rapport.	30 novembre 1868. Rapport du préfet. Néant, un tableau.	15 mars 1869. Rapport du préfet ; pas de maladies.
64. Pyrénées (Basses-).	25 juin 1863. Point de service vétérinaire. Les vétérinaires payés par des missions quand l'administration a besoin de renseignements sur les épizooties et sur la santé publique des bestiaux.	25 mai 1865. 1° Un tableau par le préfet, mais qui n'a été rédigé par un seul vétérinaire ; le tableau ne constitue que l'opinion d'un seul malade signalé que par le préfet dans l'arrondissement d'Oloron : rien. Description de l'épizootie. Il ne s'est établi que le deuxième description, sur les causes, [illegible] traitement, l'issue des cas. 2° Un résumé de ses tableaux avec ceux d'un seul le département, indique ont 57 catégories d'animaux attaqués en cas en ceux par les vétérinaires et en nombre qui peuvent donner un total en 1865 morts, tels qu'elles ont reçu [illegible] et les vétérinaires. La cause de la mort n'est déterminée, mais non connue. La statistique est faite par arrondissement ; il n'est pas question des veilles d'eaux courantes.	30 juin 1865. 1° Un tableau par le préfet, avec un indice sur les par arrondissements. Morve contagieuse. [illegible] 10 morts. Charbon essentiel. [illegible] Morille milliaire morve et clavelée [illegible] 10 morts. Clavelée. Milliaire et Charbon. Per pneumonie contagieuse. [illegible]. 2° Un tableau statistique de la morve, de la [illegible] fièvre d'animaux. Il en sont 3,651 morts, dont 195 [illegible] ou clavelés ou des vétérinaires. 3° Un rapport le [illegible] sur un [illegible] est en [illegible] [illegible]. C'est l'achever d'un rapport plus [illegible] [illegible] une étude par un vétérinaire qui suit [illegible] [illegible] péripneumonie en [illegible]. [illegible] Réponses les documents.	30 avril 1867. Un tableau par le préfet, par maladie, sur arrondissement. Péripneumonie contagieuse, bœuf. Les documents, les espèces. Plus les vétérinaires. [illegible] Description par des anciens éleveurs au bloc. Guérison et de la mortalité. Plus invasion [illegible] morbide et [illegible] mortalité de bien. [illegible] 8 morts, [illegible], fièvre charbonneuse, bœuf et chevaux spéciales, à juin mars, 8 cas. Observe. Arrondissement de Bayonne. Pas d'inoculation. Un tableau indiquant des [illegible] fièvre dans bœuf [illegible], 2,558 morts, dont 595 clavelés sont des vétérinaires, sans commune et de détails par les vétérinaires de commune. Réponses : les documents.	15 mai 1868. 1° Un tableau par le préfet, par arrondissement ; par maladie. Arrondissement de Pau. Péripneumonie contagieuse (bœuf), 3,000 fr. 6 morts. Arrondissement d'Oloron. Charbon [illegible] 20 morts, [illegible] par [illegible], morve, [illegible]. Arrondissement de Mauléon. Rien. Arrondissement de Bayonne. Péripneumonie contagieuse, les vétérinaires en leur [illegible] que ce n'est jamais d'un [illegible] [illegible] 8 cas, [illegible] morts, une en mars [illegible] 6,000 fr. Arrondissement d'Orthez. Péripneumonie, [illegible] commune, en [illegible] de cette [illegible] sa morve, on n'a rien établi que ceux de grands bestiaux. 2° Un tableau statistique de la mortalité, 4,653 morts, dont 275 clavelés sur les vétérinaires. 3° Une circulaire du préfet pressant les veaux et des pertes mises en circulation. On prie grande nombre d'animaux établis dans la circulation. Très-bien.	3 avril 1869. 1° Un tableau sur rapport du préfet, par arrondissement, par maladie. Arrondissement de Pau. Péripneumonie contagieuse, race. Perte : 6,000 fr. Arrondissement d'Oloron. Péripneumonie contagieuse. Pour les animaux soignés à l'époque, la perte n'est que d'un quart. Les vétérinaires sont toujours spéciaux des veaux. Arrondissement de Mauléon. Péripneumonie contagieuse. Perte : 42,000 fr., tableaux exigés [illegible] de ces éleveurs d'une quelconque. Perte et commune. Arrondissement de Bayonne. Per pneumonie contagieuse. Perte : 90 veaux [illegible], estimée à l'action des vétérinaires. Arrondissement d'Orthez. Péripneumonie contagieuse. Perte : les trois quarts en espèce, 13,000 fr. On a eu à récupérer d'animaux sous la loi d'État. 2° Le tableau statistique de la mortalité. 2,787 morts, dont 275 clavelés par des vétérinaires.

DÉPARTEMENTS.	1863.	1864.	1865.	1866.	1867.	1868.
65. Pyrénées (Hautes-).	27 juin 1862. Il existait un service vétérinaire. Un vétérinaire par arrondissement. 1,200 fr. au chef-lieu et 800 fr. pour les autres arrondissements. Il n'en existe plus aujourd'hui.	Pas de rapport.	Pas de rapport.	Pas de rapport.	Pas de rapport.	2 juin 1869. Un tableau du préfet par communes et par maladies; quelques communes sont désignées. Il n'est question que de la péripneumonie contagieuse, introduite par des animaux étrangers. Ce document est peu important. Le préfet dit avoir adressé au ministre un rapport spécial sur la péripneumonie dans l'arrondissement de Tarbes, et un autre sur une épizootie des animaux de basse-cour.
66. Pyrénées-Orientales.	19 juin 1862. Pas de service vétérinaire.	23 février 1865. Le préfet a adressé trois tableaux : 1° Un rédigé par M. Bouzane, vétérinaire, pour l'arrondissement de Perpignan. Il n'y est question que de la morve (1110 animaux); 2° Un second rédigé par le sous-préfet de l'arrondissement de Prades, qui ne mentionne que la stomatite aphtheuse. 3° Un troisième tableau par le sous-préfet de l'arrondissement de Céret, où l'on mentionne le piétin et le glossopède. Rien d'intéressant.	22 mars 1866. Le préfet a adressé trois tableaux: 1° Un de M. Bouzane, vétérinaire, Siant. Arrondissement de Perpignan. 2° Un par le sous-préfet de l'arrondissement de Prades, où la péripneumonie contagieuse s'est montrée dans la commune de Sainte-Léocadie. 3° Un tableau par le sous-préfet de Céret; il y est mentionné le charbon essentiel (2 morts sur 25 malades). Traitement chirurgical actif. Le sang de rate (300 morts). Traitement hygiénique et une saignée. Le piétin. Rien d'intéressant.	Pas de rapport.	30 mars 1868. Le préfet a adressé trois tableaux pour l'année 1867. 1° Un tableau de M. Bouzane, vétérinaire à Perpignan. La charbon y est mentionnée; elle y a été importée par des moutons venant d'Afrique, 3,158 morts sur 29,219 malades. Claveélisation. 2° Un tableau du sous-préfet de Prades. Pleuropneumonie; 3 communes; Perte: 43,300 fr. 3° Un tableau du sous-préfet de Céret. Carié et immobilité par des animaux venant d'Afrique. Sang de rate (jaunisse), 50 morts sur 400 bêtes. Peu intéressant.	30 mars 1869. Le préfet a adressé trois tableaux : 1° Un tableau de M. Bouzane, vétérinaire à Perpignan. 3 communes, Charbon, 2,769 malades, 417 morts. Péripneumonie contagieuse aux environs de Perpignan. 2° Un tableau du sous-préfet de Prades. Cl vallée 16 communes, importée d'Espagne. Fièvre charbonneuse (mauvaise). Perte : 300 fr. 3° Un tableau de M. le sous-préfet de Céret. Piétin (3 communes). Peu intéressant.
67. Rhin (Bas-).	19 juin 1862. Le conseil général accorde 3,200 fr. pour le service vétérinaire, qui est réglementé par un arrêté du 17 décembre 1865; chaque vétérinaire d'arrondissement reçoit 400 fr. de fixe et il peut recevoir 300 fr., s'il remplit sa mission, qui est prescrite par un règlement.	Pas de rapport.	Pas de rapport.	Pas de rapport.	Pas de rapport.	Pas de rapport.
68. Rhin (Haut-).	20 juin 1862. Un service vétérinaire a existé jusqu'en 1862. Chaque vétérinaire d'arrondissement recevait 300 fr. Aujourd'hui, un crédit de 300 fr. seulement est voté pour les mesures à prendre en cas d'épizootie.	29 février 1865. Un tableau très-succinct du préfet sur l'économie fourni par les maires et les vétérinaires, avec une colonne d'observations très-intéressantes sur la fièvre aphtheuse du veau et du mouton, sur le mal rouge du porc, sur la rage, sur la péripneumonie contagieuse, sur le vertigo du cheval. Tableau par communes, par maladies. Nombre des malades, nombre des morts attribuées à chaque maladie, localités indiquées. Fièvre aphtheuse (bœuf; 23 communes, 37 malades, 3 morts, 81); rouge (9 communes); 1,500 malades, 1,200 morts. Fièvre aphtheuse (mouton); 50 malades, 10 morts. Vertigo (16 malades, 8 morts). Rage (chien); 11 malades, 11 morts. Péripneumonie contagieuse 153 malades, 33 morts;	2 février 1866. Mêmes remarques générales qu'en 1864. Les observations sont relatives aux maladies qui ont régné et qui sont indiquées dans un tableau succinct, savoir: (péripneumonie contagieuse (11 communes); 222 malades, 171 morts. Fièvre aphtheuse (9 communes); 512 malades, 0 morts. Charbon (9 communes); 4,904 malades, 749 morts. Fièvre charbonneuse (bœuf; (2 communes); 33 malades, 12 morts. Charbon avec fluxion (sang) (1 commune; 10 malades, 5 morts). Hématurie (bœuf; 4 communes); 12 malades, 7 morts. Les symptômes ni le traitement curatif ne sont indiqués. Documents intéressants malgré cela.	20 février 1867. Toujours une colonne d'observations, très-intéressantes, sur la nature, les causes et le traitement des maladies qui sont indiquées dans un tableau par communes et par maladies. Cocherie des (veaux)? ; 14 communes; 1,810 malades, 1,162 animaux tués pour la boucherie. Péripneumonie contagieuse (6 communes); 101 malades, 84 tués pour la boucherie. Morve (2 communes); 13 malades, 13 morts. Fièvre charbonneuse (3 communes); 48 malades, 38 morts. Hématurie (2 communes); 56 malades, 9 morts. Mal rouge du porc (3 communes); 85 malades, 53 morts. Documents importants.	17 février 1868. Un tableau par communes, par maladies, avec une grande colonne contenant des notes très-instructives sur la nature, les causes et le traitement des maladies énumérées qui sont mentionnées au tableau. Morve (9 communes); 21 malades, 19 sacrifiés. Paraplégie latérale; 18. Péripneumonie (bœuf); 10 communes; 129 malades, 110 tués pour la boucherie, 19 morts. Charbon essentiel apoplectique (5 communes); 8 malades, 8 morts. Fièvre aphtheuse, 10 morts. Erysipèle gangréneux du porc (6 communes); 160 malades tués et mangés un délai de la maladie. Ostéolasie (bœuf); une commune; 5 morts, 5 ayant.	15 mars 1869. Toujours les mêmes dispositions dans les documents adressés par le préfet. Des remarques très-instructives dans la colonne d'observations. Le tableau résumé indique ce qui suit : Morve (9 communes); 25 malades, 25 sacrifiés. Péripneumonie contagieuse (3 communes); 43 malades; 38 tués pour la boucherie, 5 morts. Charbon (3 communes); 42 malades, 21 morts.
69. Rhône.	17 juin 1862. Le préfet considère l'École vétérinaire de Lyon comme constituant un service vétérinaire administrativement organisé.	20 février 1865. Un rapport de M. Tisserand, professeur à l'École vétérinaire de Lyon, où sont seulement mentionnés que, sous les soins de stomatite aphtheuse, plusieurs cas d'avortements mais causes bien connues, une affection gabeuse sur les moutons, un parc de la Tête-d'Or. Il n'est pas question de traitement.	2 février 1866. Un rapport de M. Tisserand, exposant : 1° Que la rage du chien a été plus fréquente par les temps humides, et que cette maladie n'est que très-rarement spontanée; 2° Que l'alun du sel de cuisine donné aux animaux est mortel; 3° Que la typhose n'est pas acclimatée en France.	31 décembre 1866. Un rapport de M. Tisserand, qui ne signale que les effets providentiel du sel de cuisine et de l'urine chez les ruminants, et quelques cas de mort imbibé à la Tête-d'Or. On dit seulement que ces cas de mort ne sont pas des cas de typhose.	24 janvier 1868. Un rapport de M. Tisserand, qui dit qu'il n'a existé aucune maladie réellement épizootique, si ce n'est une pneumonie typhoïde sur les chevaux de grandes entreprises de Lyon. Les causes ni le traitement ne sont indiqués.	8 février 1869. Un rapport de M. Tisserand, qui ne révèle que l'apparition de la péripneumonie contagieuse au parc de la Tête-d'Or, à Saint-Vital et dans quelques autres communes. La rage n'a causé aucun frequent. On a pris des mesures contre la propagation de la maladie.

	DÉPARTEMENTS.	1862.	1864.	186
75.	Seine.	7 juillet 1862. Le préfet de la Seine annonce qu'il n'y a pas de service vétérinaire. Il n'y en a qu'un organisé par le préfet de police : 2 vétérinaires titulaires à 1,000 francs chacun, 2 vétérinaires adjoints non rétribués. Il y a, de plus un préposé à la recherche des animaux atteints de maladies contagieuses.	Pas de rapport.	Pas de r
76.	Seine-Inférieure.	5 juillet 1862. Il y a, très-longtemps qu'il existe un service vétérinaire; il a été modifié à diverses époques : en l'an X, en 1821 et 1851. L'arrêté du 22 janvier 1851 contient un grand nombre de prescriptions, entre autres la continuation de la visite de tous les chevaux du département, divisé en 21 circonscriptions vétérinaires. Point de traitement fixe.	25 mars 1865. Pas de tableau, mais un rapport succinct et substantiel de M. Verrier aîné, vétérinaire à Rouen, disant qu'il n'y a pas eu d'épizootie dans le département, et seulement deux enzooties. 1° Sur le mouton : le prurigo lombaire. L'histoire de cette enzootie, les lieux où elle a régné, sa durée, son mode de terminaison (la mort), les pertes : 10 pour 100 des animaux d'un même troupeau, et 15 à 20 des autres troupeaux; contagion; pas de mesures sanitaires; 2° Sur la gastro-entérite des volailles; pas de description mais des renseignements précis sur le lieu où elle a régné, sa durée, son caractère contagieux, sa gravité, ses causes probables, les moyens préventifs de police. On n'a pas mangé la viande des malades. 20 pour 100 dans le dixième des fermes du canton de Totes.	Un rapport de M. Verrier 1° Sur la cocotte, qui a r... bre de localités. Pas de me... Il y a eu de nombreux cas... l'abattage pour la boucherie, 2° Sur un exanthème pus... dit pas sur quelle espèce... même temps que la variole... cription; la maladie sans gra... Dieppe et de Rouen; Sur une maladie épizooti... cantons de Gournay et d'Ar... M. Delrocourt, qui l'a obser... son siége principal dans le f... baient après vingt-quatre ou... ladie.
77.	Seine-et-Marne.	16 juin 1862. Point de service vétérinaire constitué; un crédit de 800 fr. est destiné à indemniser les vétérinaires désignés d'avance pour chacun des arrondissements, qui sont chargés de surveiller les foires et les marchés et de visiter les animaux atteints de maladies contagieuses.	20 décembre 1865. Un tableau par le préfet, par arrondissements, par communes, par maladies, par espèces. Statistique, par communes, du nombre des animaux et de leur valeur. Arrondissement de Coulommiers, 9 communes, sang de rate (*mouton bœuf* et *chevaux*); causes ordinaires : excès de nourriture, sécheresse, prairies artificielles; terminaisons presque constantes par la mort. 1 268 morts, perte : 58,895 francs. Non contagion pour tous les arrondissements. Arrondissement de Fontainebleau. 8 communes; 770 animaux malades, 44,280 fr. de perte. Arrondissement de Meaux. 19 communes; 1,552 morts, 73,709 fr. Arrondissement de Melun. 16 communes; 1,111 morts, perte : 47,410 fr. Arrondissement de Provins. Indication par cantons et communes; 37 communes; 10,061 morts, perte : 669,726 fr. Les espèces ont été confondues. La péripneumonie a existé sur 120 vaches. Très-bons documents.	Un tableau par chaque ar... les sous préfets selon l'ordre Arrondissement de Coulo... sang de rate (*mouton, bœuf* e... presque toutes les localités d... ces ont été indiquées à part... pas pour les autres. Les caus... chaque commune, ainsi que... la valeur des animaux. 1,626 Arrondissement de Fontai... 780 animaux, perte : 43,650 Arrondissement de Meaux... morts, perte : 145,090 fr. Arrondissement de Melun... morts, perte : 75,734 fr. Arrondissement de Provins... morts, perte : 530,499 fr. Perte totale : 865,483 fr. Il y a eu quelques cas de fi... bon essentiel, de claveléé et... dative. Excellents do

5.	1866.	1867.	1868.
pport.	Pas de rapport.	Pas de rapport.	Pas de rapport.
.2 mars 1866. sur trois épizooties : égné dans un grand nom-sures de police sanitaire. graves qui ont nécessité : 1 pour 100; tu'enx (ecthyma). On ne l'animaux. Il a régné en de l'homme. Pas de des-vité. Arrondissements de que des volailles dans les gueil. Pas de description. vée, a pensé qu'elle avait ie. Les animaux succom-trente-six heures de ma-	28 janvier 1867. Un rapport de M. Verrier : 1° Sur une épizootie de péripneumonie exsudative, qui a régné dans la seule commune de Saint-Aubin, arrondissement de Dieppe (13 vaches dans 3 étables, toutes mortes); 2° Sur une épizootie de cocotte, qui a régné dans les cantons d'Elbeuf, Fécamp et Lillebonne. Pas de mesures sanitaires.	18 avril 1868. Un rapport de M. Verrier : 1° Sur une épizootie de fièvre charbonneuse du porc. Quelques malades, tous morts; s'est propagée au département de la Somme; 2° Sur une épizootie de pneumonie exsudative du bœuf dans l'arrondissement de Dieppe; 19 vaches malades; 16 mortes ou tuées, 3 guéries; inoculation de 196 vaches. Bons résultats; mesures de police; 3° Sur une épizootie des volailles (arrondissement de Rouen); pas de description; terminaison ordinaire, la mort. Perte : 70 pour 100 des animaux. Les volailles ont été mangées quelquefois, sans inconvénient. Un rapport spécial à cette maladie a été annoncé au préfet.	7 avril 1869. Un rapport de M. Verrier : 1° Sur quelques cas insignifiants de péripneumonie épizootique dans les arrondissements de Dieppe et de Neufchâtel; sur 57 vaches, 12 malades, mortes ou tuées; 2° Sur la rage du chien, de la vache et du mouton : un grand nombre de cas; une meute de 50 chiens a presque entièrement succombé. Incubation ordinaire, quarante à soixante jours. Un exemple ; deux cent trente-cinq jours. Il y a un rapport particulier sur la rage au conseil central d'hygiène publique.
4 décembre 1866. rondissement, dressé par suivi en 1865. mmiers; 12 communes; l *cheval*). Contagion pour u département. Les espè-pour cet arrondissement, es sont mentionnées pour le nombre des morts et morts, perte : 70,510 fr. nebleau. 11 communes; fr. . 21 communes; 3,774 . 22 communes; 1,540 . 32 communes; 12,771 èvre aphtheuse, de char-de péripneumonie exsu- cuments.	10 mars 1867. Un tableau par le préfet, selon l'ordre de 1865. Arrondissement de Coulommiers. Néant. Arrondissement de Fontainebleau. Sang de rate (*mouton, bœuf, cheval*); contagieux; toujours fourrages trop nutritifs. 8 communes; 565 morts; perte : 30,691 fr. Arrondissement de Meaux. Sang de rate; contagieux. 44 communes; 1.086 morts. 67,685 fr. Arrondissement de Melun. Sang de rate; contagieux. 12 communes, 823 morts. 41,225 fr. Arrondissement de Provins. Sang de rate; non contagieux. 89 communes; 8,299 morts; perte : 402,943 fr. Perte totale : 542,745 fr. Quelques maladies sporadiques, quelques cas de clavelée ont été signalés. On a un peu varié sur la propriété contagieuse du sang de rate. Pas de traitement.	Pas de rapport. Une lettre du préfet du 18 mars 1869 dit qu'un rapport a été envoyé le 21 janvier 1869.	Pas de rapport.

DÉPARTEMENTS.	1862.	1864.	1865.	1866.	1867.	1868.
70. Saône (Haute-).	27 juin 1862. Pas de service vétérinaire.	12 avril 1865. Néant. Rapport du préfet.	21 mars 1866. Un tableau par communes, par espèces, par maladies. Plusieurs communes, bœuf. Fièvre aphtheuse; peste, 4. Une commune, porc, fièvre charbonneuse, 195 morts. Une commune [illisible], volaille, fièvre typhoïde, 300 animaux morts; perte: 450 francs. Un rapport avait été adressé au préfet par le vétérinaire inspecteur du département sur cette maladie. Moyens préservatifs indiqués.	30 mars 1867. Un tableau du préfet, par communes, espèces et maladies. 4 communes, 4,570 poules, obus et canards; fièvre obus que, moyens préservatifs. 2 communes, porc, affection charbonneuse, 130 morts; moyens préservatifs.	12 février 1868. Un tableau par communes, par espèces, par maladies. 3 communes; péripneumonie contagieuse, 3 animaux morts. Traitement par l'émétique et le vinaigre stibnoir hoire. 2 communes, fièvre aphtheuse, 4 animaux morts. Une commune, fièvre charbonneuse, 11 animaux morts. Une commune, fièvre typhoïde, 7 morts. On a arrêté la propagation du mal par des mesures de police sanitaire.	16 mars 1869. Un tableau par communes, espèces, maladies. Une commune, entérite bilancitonique, fièvre charbonneuse, 6 chevaux, 10 vaches, 30 moutons morts. 3 communes, fièvre charbonneuse, 12 bœufs, 13 vaches, 2 chevaux morts. Diverses communes, fièvre élastique, 360 volailles mortes. Moyens préventifs.
71. Saône-et-Loire.	14 juin 1862. Un vétérinaire départemental recevant 300 francs par an. Une autre somme de 300 francs est consacrée à indemniser les vétérinaires qui ne sont pas commissionnés.	Pas de rapport.	Pas de rapport.	Pas de rapport.	1er juillet 1869. Un seul tableau pour les deux années 1867 et 1868, par maladies, par espèces. Presque une simple énumération des maladies; pas de statistique pour le nombre des malades; des rapports seulement sur le nombre des malades et des morts; peu de chose sur les causes. Catarrhe des cornes; coryza avec ulcération [illisible]; fièvre charbonneuse (bœuf). Charbon symptomatique (bœuf). Charbon, fièvre muqueuse (mouton). Rage (chien). Gourme, morve (cheval). Gastro-entérite, rougeole charbonneuse, sang de rate (porc). Bronchite vermineuse (bœuf).	1er juillet 1869. [même tableau]
72. Sarthe.	14 juin 1862. Depuis 1855, un service vétérinaire est institué; un vétérinaire par arrondissement est désigné. Il n'a point de traitement; on l'indemnise en cas de déplacement pour cause d'épizootie. Pour constatation de chaque vétérinaire, on accorde 15 centimes par kilomètre.	24 juillet 1865. Un tableau rédigé par M. Charbonnelle, vétérinaire à Château-du-Loir. Une seule maladie, l'épizootie épizootique. Très-bonne description. Traitement, 159 malades dont 3 seulement traités par les vétérinaires, les autres par les empiriques.	30 mars 1866. Un tableau du préfet, par maladies. Encéphalite (bœuf). Très-bonne description. Traitement efficace au début. 93 animaux; l'hématurie domine depuis la culture des prunes artificielles. Stomatite aphtheuse apportée par les concours et les chemins de fer. Entérite ou clavière des porcs, symptômes (300 malades). Traitement hygiénique. Les localités non indiquées.	29 avril 1867. Un tableau du préfet, par maladies. De simples indications des maladies régnantes dans le département, sans localités ni nombre de malades, ni espèces d'animaux. Charbon, morve, gale, angine, affection typhoïde, luxin.	24 juillet 1868. Tableau du préfet: simple citation, pour ainsi dire, de deux maladies, de la morve et de la rage.	26 mars 1869. Un tableau du préfet, par maladies, avec descriptions surabondantes. Rage chez 102 chiens, 3 bœufs, une vache et une brebis. Morve. 30 chevaux. Pneumonie du cheval. Petit nombre. Fièvre charbonneuse. 35 bêtes. Entérite diarrhéique (bœuf) 3.
73. Savoie.	16 juin 1862. Crédit, 3,200 francs. Exempté d'autres. Sources contrôlées. Un service vétérinaire est administrativement contrôlé proposé par le préfet; un vétérinaire au chef-lieu, 700 francs; un dans chaque arrondissement, à 500 francs, voté par le Conseil pour 1861; on a ajouté 1,000 francs à la session de 1862. Alors, le préfet a fixé les attributions des vétérinaires par un arrêté du 19 juillet 1861. Ces prescriptions sont très-bien entendues.	21 mars 1866. Un tableau du préfet par arrondissements, sur communes, par espèces, par maladies. Le nombre des morts par chaque commune, avec mention de la cause de la mort. Arrondissement d'Albertville, morve, 3 communes, 3 animaux. Péripneumonie contagieuse, 3 communes; 11 morts (bœuf). Arrondissement de Chambéry. Péripneumonie gangreneuse. 3 communes, 14 morts. Arrondissement de Moutiers: péripneumonie gangreneuse, 22 communes, 140 morts. Fièvre charbonneuse, bœuf et cheval, 3 communes, 7 morts. Charbon extérieur, mulet. 9 communes. Mort, 6. Arrondissement de Saint-Jean-de-Maurienne. Charbon, une commune, 90 morts sur 150 malades. Fièvre aphtheuse, trois quarts des communes de l'arrondissement. Mort, 6. Documents intéressants.	27 février 1867. Un tableau du préfet, par arrondissements, par communes, par espèces, par maladies. Le nombre des morts et la valeur des animaux par chaque commune, avec cause de mort. Arrondissement de Chambéry. Péripneumonie contagieuse. Bœuf. Une commune, 107 malades, 39 morts. Peste, 6,850 francs. N'eu sur le traitement. Splénite non contagieuse. Bœuf, 4 communes, 22 malades, 11 morts, 2,500 francs de perte. Arrondissement d'Albertville, morve et farcin, 5 communes, 10 malades, 9 tués; perte, 4,500 francs. Péripneumonie gangreneuse. bœuf, une commune, 1 commune, 6 mort; perte, 150 francs. Charbon, 9 communes. 41 malades; 9 morts; perte, 4,470 francs. Arrondissement de Moutiers. Charbon, mulet, 4 communes, 15 malades, 5 morts; perte, 1,300 francs. Péripneumonie, bœuf, 17 communes; 36 malades, 226 morts; perte, 9,350 francs. Arrondissement de Saint-Jean-de-Maurienne. Péripneumonie, une commune, 6 malades, 6 morts; perte, 750 francs. Clavelée, 3 communes, 34 malades, 16 morts; perte, 465 francs.	26 mars 1867. Tableau, comme en 1865. Arrondissement de Chambéry. Péripneumonie, bœuf, 5 communes, 10 malades, 49 morts; perte, 4,150 francs. Arrondissement d'Albertville. Péripneumonie gangreneuse, 2 communes, 10 malades, 2 morts; perte, 360 francs. Arrondissement de Moutiers. Péripneumonie gangreneuse. 24 communes, 170 malades, 419 morts; perte, 17,900 francs. Tous ces documents intéressants, quoique les descriptions des maladies manquent et que rien ne soit dit sur le traitement.	15 février 1868. Tableau comme en 1865. Arrondissement de Chambéry. Péripneumonie, une commune, 11 malades, 2 morts; perte, 400 francs. Splénite, une commune, 1 malade, 1 mort; perte, 250 francs. Arrondissement de Moutiers. Péripneumonie, 17 communes, 131 malades, 85 morts; perte, 12,500 fr. Arrondissement d'Albertville. Péripneumonie, 4 communes, 103 malades, 17 morts; perte, 3,400 fr. Morve, 6 communes, 12 malades, 12 tués; perte, 3,580 francs. Fièvre charbonneuse (bœuf), une commune, 14 malades, 4 morts; perte, 750 francs. Arrondissement de Saint-Jean-de-Maurienne. Morve, 5 communes, 35 malades, 48 tués; perte, 5,000 fr.	15 avril 1869. Tableau comme en 1865. Arrondissement de Chambéry. Splénite, une commune, 12 malades, 4 morts; perte, 2,000 francs (bœuf). Arrondissement d'Albertville, péripneumonie contagieuse, une commune, 40 malades, 34 morts; perte, 3,000 francs. Charbon, une commune, 4 malades, 4 morts. Morve, 3 communes, 9 malades, 6 tués; perte, 3,580 francs. Arrondissement de Moutiers. Fièvre charbonneuse, 5 communes, 58 malades, 50 morts; perte, 8,900 fr. Péripneumonie gangreneuse (bœuf), point de description, 14 communes, 146 malades, 189 morts; perte, 9,300 francs. Arrondissement de Saint-Jean-de-Maurienne. Morve, une commune, 4 malades, 4 tués; perte, 2,000 francs. Gastro-typhoïde des porcs, une commune, 64 malades, 50 morts; perte, 50 francs.
74. Savoie (Haute-).	17 juin 1862. Pas de service vétérinaire.	23 mars 1865. Un tableau par communes, avec indication des animaux et des maladies; on détermine les rapports entre les malades et les morts, sans dire le nombre, 7 communes en tout. Les maladies, simplement dénommées, ont [illisible] pour le bœuf: la fièvre aphtheuse, le coup de sang, la péripneumonie exsudative. Rapport par le préfet: documents peu importants.	21 avril 1866. Un tableau par communes, 3 communes en tout. Une affection dite avec défaut, mal décrite, qui paraît être l'ostéomalacie. 10 malades par animaux les mêmes. On n'indique aucun traitement. La morve, 3 animaux. La fièvre charbonneuse et le charbon essentiel: bœuf, cheval, mulet, 33 vaches mortes sur 1,300, 21 chevaux et 960 mulets.	5 mars 1867. Tableau par communes. 2 communes: dans l'une, une affection charbonneuse non décrite; sur 4,300 vaches et chevaux. Il est mort 24 vaches et 9 chevaux. Dans l'autre commune, on signale le charbon et on note 2 morts sur 207. Rien d'intéressant.	12 février 1868. Un tableau par communes. 4 communes. Rien de précis, rien d'intéressant; on signale, sans description suffisante, des maladies qui sont désignées sous les dénominations de fièvre, de typhus, charbon, de fièvre charbonneuse, de charbon intérieur. Mauvais documents.	12 février 1869. Un tableau par communes; une seule commune. Pneumonie contagieuse, bœuf, 9 vaches malades chez le même propriétaire, 3 morts. Méthode antiphlogistique, détaillée. Rien de possible.

	DÉPARTEMENTS.	1862.	1864.	1865.	1866.	1867.	1868.
75.	Seine.	7 juillet 1862. Le préfet de la Seine annonce qu'il n'y a pas de service vétérinaire. Il n'y en a qu'un organisé par le préfet de police : 2 vétérinaires titulaires à 1,050 francs chacun, 2 vétérinaires adjoints non rétribués. Il y a, de plus, un préposé à la recherche des animaux atteints de maladies contagieuses.	Pas de rapport.	Pas de rapport.	Pas de rapport.	Pas de rapport.	Pas de rapport.
76.	Seine-Inférieure.	5 juillet 1862. Il y a très-longtemps qu'il existe un service vétérinaire; il a été modifié à diverses époques : en l'an X, en 1821 et 1851. L'arrêté du 22 janvier 1851 contient un grand nombre de prescriptions, entre autres la contre-visite de tous les chevaux du département, divisée en 21 circonscriptions vétérinaires. Point de traitement fixe.	25 mars 1865. Pas de tableau, mais un rapport succinct et substantiel de M. Ferrier aîné, vétérinaire à Rouen, disant qu'il n'y a pas eu d'épizootie dans le département, et seulement deux enzooties. 1° Sur le mouton : le prurigo lombaire. L'histoire de cette enzootie, les lieux où elle a régné, sa durée, son mode de terminaison (la mort), les pertes : 10 pour 100 des animaux d'un certain troupeau, et 15 à 20 des autres troupeaux; contagion; pas de mesures sanitaires; 2° Sur la gastro-entérite des volailles; pas de description mais des renseignements recueillis sur le lieu où elle a régné, sa durée, son caractère contagieux, sa gravité, ses causes probables, les moyens préventifs de police. On n'a pas mangé la viande des malades. 30 pour 100 dans le dixième des fermes du canton de Totes.	2 mars 1866. Un rapport de M. Ferrier sur trois épizooties : 1° Sur la rougeole, qui a régné dans un grand nombre de localités. Pas de mesures de police sanitaire. Il y a eu de nombreux cas graves qui ont nécessité l'abattage pour la boucherie : 4 pour 100; 2° Sur une épizootie postérieure... On ne dit pas sur quelle espèce d'animaux. Il a régné en même temps que la rougeole de l'homme. Pas de description; a régné; maladie sans gravité. Arrondissements de Dieppe et de Rouen; Sur une maladie épizootique des volailles dans les cantons de Gournay et d'Argueil. Pas de description. M. Desjardins, qui l'a observée, a pensé qu'elle avait son siège principal dans le foie. Les animaux succombaient après vingt-quatre à trente-six heures de maladie.	28 janvier 1867. Un rapport de M. Ferrier : 1° Sur une épizootie de péripneumonie exsudative, qui a régné dans la seule commune de Saint-Aubin, arrondissement de Dieppe : 19 vaches dans 3 établis, toutes mortes; 2° Sur une épizootie de coqueluche, qui a régné dans les écoles d'Elbeuf, Fécamp et Lillebonne. Pas de mesures sanitaires.	13 avril 1868. Un rapport de M. Ferrier : 1° Sur une épizootie de fièvre charbonneuse. Un porc. Quelques malades, tous morts; s'est propagée au département de la Somme; 2° Sur une épizootie de péripneumonie exsudative du bœuf dans l'arrondissement de Dieppe : 19 vaches malades; 16 mortes ou tuées, 3 guéries; inoculation de 196 vaches. Bons résultats; mesures de police; 3° Sur une épizootie des volailles arrondissement de Rouen; pas de description; terminaison ordinaire, la mort. Perte : 70 pour 100 des animaux. Les volailles ont été mangées quelquefois, sans inconvénient. Un rapport spécial à cette maladie a été annoncé au préfet.	7 avril 1862. Un rapport de M. Ferrier : 1° Sur quelques cas insignifiants de péripneumonie exsudative dans les arrondissements de Dieppe et de Neufchâtel; sur 37 vaches, 12 malades, mortes ou tuées; 2° Sur la rage du chien, de la vache et du mouton : un grand nombre de cas; une meute de 43 chiens a presque entièrement succombé. Inoculation avec haine, quarante à soixante jours. Un exemple : deux cent trente-cinq jours. Il y a un rapport particulier sur la rage au conseil central d'hygiène publique.
77.	Seine-et-Marne.	16 juin 1862. Point de service vétérinaire constitué; un crédit de 800 fr. est destiné à indemniser les vétérinaires désignés d'avance pour chacun des arrondissements, qui sont chargés de surveiller les foires et les marchés et de visiter les animaux atteints de maladies contagieuses.	20 décembre 1865. Un tableau par le préfet, par arrondissements, par communes, par maladies, par espèces. Statistique, par communes, du nombre des animaux et de leur valeur. Arrondissement de Coulommiers, 9 communes, sang de rate [sanctis], bœuf et cheval; causes ordinaires : excès de nourriture, sécheresse, prairies artificielles; terminaisons presque constantes par la mort. 1,568 morts, perte : 38,895 francs. Non contagieux pour tous les arrondissements. Arrondissement de Fontainebleau. 8 communes; 770 animaux malades, 38,280 fr. de perte. Arrondissement de Meaux. 19 communes; 1,552 morts, 73,709 fr. Arrondissement de Melun. 16 communes; 1,411 morts. perte : 57,319 fr. Arrondissement de Provins. Indication par cantons et communes; 37 communes; 10,061 morts, perte : 609,775 fr. Les espèces ont été couchées. La péripneumonie a existé sur 120 vaches. Très-bons documents.	4 décembre 1866. Un tableau par chaque arrondissement, dressé par les sous-préfets selon l'instruction en 1865. Arrondissement de Coulommiers : 12 communes; sang de rate [épizootie], bœuf et cheval. Contagion pour presque toutes en bois les du département. Les espèces ont été indiquées à part pour cet arrondissement, pas pour les autres. Les causes sont mentionnées pour chaque commune, ainsi que le nombre des morts et la valeur des animaux. 1,538 morts, perte : 70,319 fr. Arrondissement de Fontainebleau. 11 communes; 789 animaux, perte : 43,654 fr. Arrondissement de Meaux, 24 communes; 3,779 morts, perte : 145,089 fr. Arrondissement de Melun, 22 communes; 1,540 morts, perte : 75,734 fr. Arrondissement de Provins, 82 communes; 12,771 morts, perte : 550,499 fr. Perte totale : 865,483 fr. Il y a eu quelques cas de fièvre aphteuse, de charbon essentiel, de rouelle et de péripneumonie exsudative. Excellents documents.	10 mars 1867. Un tableau par le préfet, selon l'ordre de 1865. Arrondissement de Coulommiers. Néant. Arrondissement de Fontainebleau. Sang de rate [mouton], bœuf, cheval; contagieux; toujours tournées trop tard. Je. 8 communes; 365 morts, perte : 20,691 f. Arrondissement de Meaux. Sang de rate; contagieux. 14 communes; 1,085 morts, 67,866 f. Arrondissement de Melun. Sang de rate; contagieux. 12 communes. 453 morts, 61,255 fr. Arrondissement de Provins. Sang de rate; non contagieux. 80 communes; 8,999 morts, perte : 392,845 fr. Perte totale : 552,795 f. Quelques maladies sporadiques, quelques cas de clavelée ont été signalés. On a un peu varié sur la propriété contagieuse du sang de rate. Pas de traitement.	Pas de rapport. Une lettre du préfet du 10 mars 1867 dit qu'un rapport a été envoyé le 31 janvier 1866.	Pas de rapport.

DÉPARTEMENTS.	1862.	1864.	18
82. Tarn-et-Garonne.	19 juin 1862. Par suite de délibération du Conseil général des 1er septembre 1855 et 29 août 1856, le préfet a rédigé, le 2 octobre 1856, un arrêté qui nomme un vétérinaire départemental, sans traitement fixe. Il est payé par vacations.	Pas de rapport.	Pas de
83. Var.	18 juin 1862. Point de service vétérinaire organisé. Le préfet a envoyé purement et simplement la liste des noms et celle des résidences des vétérinaires diplômés.	6 juin 1865. Tableau par maladies. *Farcin* (description superflue), 50 malades, 1 mort. Chevaux et mulets. La *clavelée* (description surabondante); mortalité, 4 pour 100.	Tableau par maladies. *Farcin* : 100 malades, 2 Rien de particulier dans le *Morve* : 3 malades, 2 tu *Clavelée* : 0. *Cœnures dans les sinus* : *Variole des porcs* : con moutons, grave pour les ment. (Peu intéressant.)
84. Vaucluse.	20 juin 1862. Avant 1829, il y avait quatre vétérinaires salariés par un traitement fixe. Dès l'année 1839, on a supprimé les appointements. On donne des indemnités sur mémoire, avec contrôle des maires qui feront les réquisitions après autorisation préalable du préfet ou du sous-préfet.	18 mars 1865. Un tableau par maladies, par espèces, par arrondissements; peu d'observations médicales ; rien sur les causes ; peu de choses sur le traitement ; mais une bonne statistique des malades, des morts et des guéris. Malades. Guéris. Perte. Stomatite aphtheuse..... 295 283 12 Rouget du porc......... 89 2 12 Clavelée.............. 200 170 30 Piétin............... 56 50 6 Cachexie............ 30 0 30 Morve............... 6 0 6 Intéressant.	Tableau sur le modèle d Clavelée.............. Rouget.............. Sang de rate.......... Furcin...............
85. Vendée.	14 juin 1862. Pas de service vétérinaire. En cas d'épizootie, c'est le vétérinaire des haras de Napoléon-Vendée qui est chargé d'aller visiter les animaux. Il est alors indemnisé.	12 janvier 1865. Pas d'épizootie. Rapport du préfet.	8 juillet 18 Pas d'épizootie. Rapport d
86. Vienne.	14 juin 1862. Pas de service vétérinaire.	20 janvier 1865. Un tableau pour chaque arrondissement, par communes, espèces d'animaux et de maladies. Arrondissement de *Châtellerault*. 3 communes. Bœuf : stomatite aphtheuse (rien de plus). Cheval : morve. Documents insignifiants. Arrondissement de *Civray*. Mulet : morve. Rien de plus. Arrondissement de *Montmorillon*. 6 communes. Bœuf : angine gangréneuse, 24 morts. Mouton : piétin, fièvre aphtheuse. Cheval : morve, 16 tués. Documents insignifiants.	Un tableau sur le modèle Arrondissement de *Châ* Mouton : piétin ; animaux t Arrondissement de *Mon* Mouton : gale, piétin. Bœu pneumonie. Cheval : morve, Documents insignifiants.

...5.	1866.	1867.	1868.
...rapport.	Pas de rapport.	15 mars 1869. Pas d'épizootie. Rapport du préfet.	15 mars 1869. Pas d'épizootie. Rapport du préfet.
5 avril 1866. ...sacrifiés, les autres guéris. ...traitement. ...s. ...la moitié des troupeaux. ...parable à la clavelée des ...rès-jeunes animaux seule-	10 septembre 1867. Pas d'épizootie. Rapport du préfet.	12 juin 1869. Un tableau par maladies. La *clavelée* : pour tous renseignements, on dit que les pertes en argent ont été de 1,000 francs.	29 août 1869. Un tableau par maladies. La *clavelée* : pas beaucoup de pertes, 10 pour 100, sans inoculation ; pas de pertes avec inoculation.
27 mars 1866. ...celui de 1864. Malades. Guéris. Perte. 771 660 111 16 1 15 110 25 85 9 3 1	16 mars 1867. Tableau sur le modèle de 1864. Malades. Guéris. Perte. *Clavelée* .... 450 312 138 *Farcin* .... 2 2 0 *Gale* (mouton) .... 80 80 0 *Morve* .... 1 0 1 *Piétin* 1 1 0	20 avril 1868. Tableau sur le modèle de 1864. Quelques détails de plus sur le traitement. *Vaccination* des moutons. La pulsatille employée à dose homœopathique contre la diarrhée du mouton. Malades. Guéris. Perte. *Clavelée* .... 1,017 883 134 *Farcin* .... 6 5 1 *Gale du cheval* .... 1 1 0 *Morve* .... 58 12 46 *Charbon* .... 1 0 1 *Rouget* (porc) .... 174 16 158 *Diarrhée* (mouton) .... 120 60 60 *Vérole gangréneuse* (porc) 100 100 0	4 mai 1869. Tableau selon le modèle de 1864. Malades. Guéris. Perte. *Clavelée* .... 1,068 895 173 *Rouget* .... 143 23 120 *Gale* (mouton) 12 12 0
...65. 15 janvier 1866. ...préfet.	18 août 1866. 2 janvier 1867. Pas d'épizootie. Rapport du préfet.	29 juin 1867. 31 décembre 1867. Pas d'épizootie. Rapport du préfet.	6 janvier 1869. Pas d'épizootie. Rapport du préfet.
8 janvier 1866. ...de 1864. ...ellerault. 4 communes. ...és pour la boucherie. ...morillon. 9 communes. ... : fièvre aphtheuse, péri-	23 janvier 1867. Un seul tableau pour tout le département, par communes, espèces, maladies. *Porc* : charbon. Il est dit seulement : une perte considérable : non-contagion ; 3 communes, *Cheval* : gale. Documents insignifiants.	19 février 1868. Un tableau par arrondissements, par communes, par espèces, par maladies. Arrondissement de *Civray*. 12 communes. Mouton : piétin. On n'indique pas la perte ni le nombre des malades. Arrondissement de *Loudun*. Une commune. *Porc* : fièvre charbonneuse ; perte, 90 pour 100 des malades. Arrondissement de *Montmorillon*. Cheval : morve, 7 communes, 28 animaux tués. Mouton : cachexie, une commune. Trois quarts de perte. Piétin, une commune ; 300 morts. Gale, 400 morts.	6 avril 1869. Un tableau par arrondissements seulement, par espèces et par maladies. Arrondissement de *Poitiers*. Mouton : cachexie aqueuse. Perte, 5,000 à 5,500 francs. Arrondissement de *Châtellerault*. Bœuf : charbon, 6 morts. Arrondissement de *Civray* 0. Arrondissement de *Loudun*. Cheval : morve, 20 malades. Gale, 32 malades. Cachexie, moutons, les trois quarts des animaux perdus.

DÉPARTEMENTS.	1862.	1864.	1865.	1866.	1867.	1868.
78. Seine-et-Oise.	18 mai 1862. Le préfet dit que l'on attend avec impatience une réglementation légale de l'exercice de la médecine vétérinaire. Un arrêté du 29 décembre 1856 organise un service : un vétérinaire par arrondissement. Le vétérinaire de Versailles est chargé de centraliser les travaux. Les vétérinaires n'ont point de traitement fixe; ils peuvent être indemnisés sur les fonds départementaux et sur les fonds communaux.	16 mars 1865. Pas d'épizootie. Rapport du préfet.	Pas de rapport.	Pas de rapport.	Pas de rapport.	Pas de rapport.
79. Sèvres (Deux-).	16 juin 1862. Le préfet dit qu'il n'a jamais existé de service vétérinaire. C'est une erreur : le décret du 15 janvier 1813 y a été appliqué, au moins de 1819 à 1825. Aujourd'hui, il n'y en a pas; on indemnise les vétérinaires quand on leur donne des missions.	7 février 1865. Pas d'épizootie. Rapport du préfet.	13 juin 1867. Tableau par arrondissements, par cantons, par localités, par espèces. Arrondissement de Bressuire. 4 cantons: charbon blanc (boeuf); 6 morts; perte : 805 fr.; pas de causes, pas de traitement indiqués. Arrondissement de Parthenay. 3 cantons: charbon blanc (boeuf); 8 morts; perte : 1,500 fr. Arrondissement de Niort. 1 canton. Charbon blanc (boeuf); 5 morts; perte : 650 fr.	Pas de rapport.	7 avril 1868. Pas d'épizootie meurtrière.	15 mars 1869. Pas d'épizootie; vétérinaire.
80. Somme.	13 juin 1862. Un service est organisé depuis le 30 avril 1827. Les vétérinaires étaient chargés de surveiller les foires et marchés et les épizooties, moyennant des indemnités départementales non déterminées. Les communes sont chargées de payer les frais d'inspection des foires et marchés. Plusieurs vétérinaires étaient nommés par le préfet dans chaque arrondissement.	1er septembre 1863. Le préfet a adressé : 1° Des mémoires sur les travaux des conseils d'hygiène publique et de salubrité du département de la Somme. Les vétérinaires de chaque conseil d'arrondissement ont contribué à ces travaux en y publiant ce qui est relatif aux épizooties et aux enzooties; 2° Le tableau imprimé et inséré dans la brochure. Ce tableau a été dressé par M. Grois, vétérinaire à Amiens; il est par arrondissements, par cantons, par communes, par maladies, avec indication des pertes pour chaque espèce. Le nombre et le prix des animaux morts. Les maladies les plus ordinaires ont été : la maladie bleue du porc, la fièvre aphteuse, la morve, la péripneumonie contagieuse, la rage, le sang de rate, la fièvre charbonneuse. Très-bons documents.	6 décembre 1866. Un tableau semblable sur le mode de celui de 1863, par arrondissements, par cantons, par communes, par espèces, par maladies. Les pertes en nombre d'animaux et en argent. Le nombre d'animaux malades par communes. Les causes et le traitement de chaque maladie. Il y a une colonne d'observations où se trouvent des remarques utiles. Ce travail remarquable et important a été publié dans le tome 9 des Comptes-rendus des travaux des conseils d'hygiène que le préfet dit avoir envoyé le 30 novembre 1866. À peu près les mêmes maladies qu'en 1864.	11 juin 1867. Un tableau par M. Grois, vétérinaire à Amiens, remplaçant sur le modèle de ceux de 1862 et 1863, extrait des comptes-rendus des travaux des conseils d'hygiène qui, malheureusement, n'a point paru au jour, et qui ne seraient de même texte. L'objection est. C'est une lacune très-déplorable. Les rapports des vétérinaires de chaque arrondissement n'ont produit une des remarques en tableaux, à l'aide desquels M. Grois a rédigé un tableau général des épizooties de tout le département, sur le modèle des tableaux des années précédentes. Les maladies à peu près les mêmes qu'en 1866.	16 septembre 1868. En 1867, le préfet a adressé, comme en 1864 : 1° Une brochure sur les travaux des conseils d'hygiène publique, qui contenait un seul rapport sur les épizooties de l'arrondissement de Montdidier. Les vétérinaires des autres arrondissements n'ont produit une des remarques en tableaux, à l'aide desquels M. Grois a rédigé un tableau général des épizooties de tout le département, sur le modèle des tableaux des années précédentes. Les maladies à peu près les mêmes qu'en 1866.	12 avril 1869. Cette année, le préfet a adressé, comme en 1867, les travaux imprimés des conseils d'hygiène, qui contiennent non-seulement un grand tableau sur le modèle des cartes précédentes, toujours très-bien faits, mais encore des rapports particuliers sur les épizooties de chaque arrondissement et notamment sur l'épizootie, que tous les vétérinaires du département déclarent pouvoir se développer spontanément chez le lapin.
81. Tarn.	16 juin 1862. Pas de service vétérinaire. Une association vétérinaire.	Pas de rapport.	4 avril 1866. Le document envoyé n'est pas signé. C'est un tableau, par espèces, par maladies, avec quelques réflexions utiles. Boeuf : péripneumonie épizootique, 300 malades, 450 tués pour la boucherie, 75 morts, 75 guéris. (Sans traitement.) Charbon, 350 malades, 350 morts. Cheval et âne : charbon, 30 morts. Mouton : sang de rate ou fièvre charbonneuse, 5,000 morts. Péri à l'état permanent dans les montagnes, 45,000 malades, 100 morts. Traitement efficace. Cachexie aqueuse, 5,000 malades, 1,000 morts, 3,000 tués. Porc : gastro-entérite épizootique ou mal rouge; description, traitement, mort rapide, 6,000 morts. Documents utiles.	29 juillet 1867. Un tableau, par maladies, par espèces, avec des développements assez étendus et intéressants. Boeuf : pleuropneumonie épizootique; aujourd'hui accidentel et se développe spontanément dans l'arrondissement de Castres; 350 malades, 100 guéris, 400 tués, 50 morts. L'enzootie à hautes doses; fièvre charbonneuse, 450 morts; avortement épizootique, 040, cause inconnue. Mouton : piétin, 15,000 malades, 100 morts; cachexie, 3,000 tués, 400 morts; sang de rate; 1,000 morts.	30 juillet 1868. Pas d'épizootie. Rapport du préfet.	19 août 1869. Un tableau par espèces, par maladies. Boeuf : péripneumonie contagieuse, 300 malades; pas de traitement. Fièvre typhoïde charbonneuse, 450 morts. Réveillés, cachexie aqueuse. Mouton : sang de rate, 4,000 morts. Traitement de la fièvre charbonneuse du bétail. Cachexie aqueuse, 600 malades. Piétin, 4,500 malades, 300 morts. Porc : gastro-entérite épizootique spéciale; 600 morts; selle alcaline, symptômes; description de la maladie.

DÉPARTEMENTS.	1862	1864.	1865.	1866.	1867.	1868.
82. Tarn-et-Garonne.	19 juin 1862. Par suite de délibération du Conseil général des 1er septembre 1855 et 29 août 1856, le préfet a rédigé, le 2 octobre 1856, un arrêté qui nomme un vétérinaire départemental, sans traitement fixe. Il est payé par vacations.	Pas de rapport.	Pas de rapport.	Pas de rapport.	15 mars 1869. Pas d'épizootie. Rapport du préfet.	15 mars 1869. Pas d'épizootie. Rapport du préfet.
83. Var.	16 juin 1862. Point de service vétérinaire organisé. Le préfet a envoyé purement et simplement la liste des noms et celle des résidences des vétérinaires diplômés.	6 juin 1865. Tableau par maladies. Farcin (description succincte), 50 malades, 1 mort. Chevaux et mulets. La morve (description succincte) mortalité, 4 pour 100.	5 avril 1866. Tableau par maladies. Farcin : 100 malades, ? sacrifiés, les autres guéris. Rien de particulier dans le traitement. Morve : 3 malades, 2 tués. Clavelée : 0. Comparée dans ses vœux : la moitié des troupeaux. Parole des porcs : comparable à la clavelée des moutons, grave pour les très-jeunes animaux seulement. (Peu intéressant.)	10 septembre 1867. Pas d'épizootie. Rapport du préfet.	12 juin 1869. Le tableau par maladies. La clavelée : pour tous renseignements, on dit que les pertes en argent ont été de 1,000 francs.	29 avril 1869. Un tableau par maladies. La clavelée : pas beaucoup de pertes, 13 pour 100, sans mortalité ; pas de pertes avec inoculation.
84. Vaucluse.	28 juin 1862. Avant 1859, il y avait quatre vétérinaires salariés par un traitement fixe. Dès l'année 1859, on a supprimé les appointements. On donne des indemnités sur mémoire, avec certitude des maires qui feront les réquisitions après autorisation préalable du préfet, ou du sous-préfet.	18 mars 1865. Un tableau par maladies, par espèces, par arrondissements ; peu d'observations médicales ; rien sur les causes ; peu de choses sur le traitement ; mais une bonne statistique des malades, des morts et des guéris. Malades / Guéris / Perte. Strongle goître... 525 263 42 Rouget du porc... 89 2 42 Clavelée... 300 170 30 Piétin... 56 50 6 Cachexie... 30 0 30 Morve... 6 0 6 Intéressant.	27 mars 1866. Tableau sur le modèle de celui de 1864. Malades / Guéris / Perte. Clavelée... 771 660 111 Rouget... 16 1 15 Sang de rate... 110 25 35 Farcin... 9 3 1	16 mars 1867. Tableau sur le modèle de 1864. Malades / Guéris / Perte. Clavelée... 450 322 129 Farcin... 9 3 0 Gale (mouton)... 90 80 0 Morve... 1 0 1 Piétin... 1 1 0	28 avril 1868. Tableau sur le modèle de 1864. Quelques détails de plus sur le traitement. Vaccination des moutons. La pustille employée à dose homœopathique contre la diarrhée du mouton. Malades / Guéris / Perte. Clavelée... 1,017 836 151 Farcin... 6 5 1 Gale du chœur... 1 1 0 Morve... 56 12 55 Charbon... 1 0 1 Rouget (porc)... 159 16 153 Diarrhée (mouton)... 596 69 68 Fièvre gangréneuse (porc)... 100 100 0	5 mai 1869. Tableau selon le modèle de 1864. Malades / Guéris / Perte. Clavelée... 1,068 895 173 Rouget... 143 23 130 Gale (mouton)... 12 12 0
85. Vendée.	15 juin 1862. Pas de service vétérinaire. En cas d'épizootie, c'est le vétérinaire des haras de Napoléon-Vendée qui est chargé d'aller visiter les animaux. Il est alors indemnisé.	12 janvier 1865. Pas d'épizootie. Rapport du préfet.	6 juillet 1865. 15 janvier 1866. Pas d'épizootie. Rapport du préfet.	13 août 1866. 9 janvier 1867. Pas d'épizootie. Rapport du préfet.	29 juin 1867. 31 décembre 1867. Pas d'épizootie. Rapport du préfet.	6 janvier 1869. Pas d'épizootie. Rapport du préfet.
86. Vienne.	14 juin 1862. Pas de service vétérinaire.	30 janvier 1865. Un tableau pour chaque arrondissement, par communes, espèces : d'animaux et de maladies. Arrondissement de Châtellerault, 4 communes. Bœuf : clavelée endémique (rien de plus). Cheval : morve. Documents insignifiants. Arrondissement de Civray, 4 communes. Mulet : morve. Rien de plus. Arrondissement de Montmorillon, 6 communes. Bœuf : angine gangréneuse, 24 morts. Mouton : piétin. Porc : rouget. Cheval : morve, 55 lots. Documents insignifiants.	6 janvier 1866. Un tableau sur le modèle de 1866. Arrondissement de Châtellerault, 4 communes. Mouton : piétin ; animaux bien pour la boucherie. Arrondissement de Montmorillon, 9 communes. Mouton : gale, piétin. Bœuf : fièvre aphtheuse, péripneumonie. Cheval : morve. Documents insignifiants.	29 janvier 1867. Un seul tableau pour tout le département, par communes, espèces, maladies. Porc : charbon. Il est cité seulement : une perte considérable : non-contagieux ; 3 communes. Cheval : gale. Documents insignifiants.	13 février 1868. Un tableau par arrondissements, par communes, par espèces, par maladies. Arrondissement de Civray, 12 communes. Mouton : piétin. On n'indique pas la perte ni le nombre des malades. Arrondissement de Loudun. Une commune. Porc : fièvre charbonneuse : perte, 30 pour 100 des malades. Arrondissement de Montmorillon. Cheval : morve, 7 communes, 28 animaux tués. Morbier : cachexie, une commune. Très-quarts de perte. Piétin, une commune. 300 morts. Gale, 400 morts.	6 avril 1869. Un tableau par arrondissements seulement, par espèces et par maladies. Arrondissement de Poitiers. Mouton : cachexie aqueuse. Perte, 3,600 à 5,300 francs. Arrondissement de Châtellerault. Bœuf : charbon, 6 morts. Arrondissement de Civray. 0. Arrondissement de Loudun. Cheval : morve, 20 malades. Gale, 22 malades. Cachexie, morbleu, les trois quarts des animaux perdus.

DÉPARTEMENTS.	1862.	1864.	1865.	1866.	1867.	1868.
87. Vienne (Haute-).	15 juin 1862. Pas de service vétérinaire. Un vétérinaire, à Limoges, a le titre de vétérinaire départemental. On lui paie seulement les déplacements quand il est appelé. Il y a un crédit de 900 francs pour mesures contre les épizooties. Vétérinaires d'arrondissements.	6 avril. 9 septembre 1865. À la première date, le préfet a adressé un excellent mémoire sur une épizootie des porcs, rédigé par le docteur Lavallée, de Limoges ; monographie complète. Entérite typhoïde épidémique. Causes, moyens préventifs. À la seconde date, un tableau par maladies, par espèces. On n'a pas toujours en recours aux vétérinaires pour soigner les malades. Les pertes sont indiquées. Entérite typhoïde, porcs. Fièvre charbonneuse, bœuf. Porc, pleurésie pulmonaire. Mouton, agneauterie. Bœuf, sang de rate. Mouton, petite vérole. Porc, ladrerie. Documents intéressants.	2 février 1866. Un tableau par maladies, par espèces. Fièvre charbonneuse, bœuf, agneau, 65 bovins. Un rapport spécial de cette maladie par M. Dorcel, vétérinaire à Limoges [illegible] morts, 3 communes. Péripneumonie [illegible] sens descriptifs, d'une durée d'un à trois jours ; [illegible], 30,000 francs. Charbon, 100 morts. Pétia, 30 maladies. Typhus des porcs. La viande, mangée sans inconvénient.	5 avril 1867. Un tableau sur maladies et sur espèces. Angine, morve et cornage du cheval. Charbon du bœuf. Pétia, cachexie, gale du mouton. Typhus ou choléra des porcs, non contagieux. Viande mangée.	10 février 1868. Un tableau par maladies, par espèces. La morve des animaux neufs est typique. Gale, morve du cheval, charbon, morve, avorgement, météorisation, qualité-vie, phtisie du bœuf. Charbon, 10,000 moutons. Cachexie, petit du mouton. Rouvage, charbon du porc. [illegible] ou vie rougeatres.	15 mars 1869. Rapport du préfet. Feuille en blanc.
88. Vosges.	14 juin 1862. Un vétérinaire départemental, un vétérinaire par arrondissement. Les vétérinaires sont payés sur rétributions, car un crédit de 800 francs inscrit au budget du département.	18 janvier 1865. Pas d'épizootie. Rapport du préfet.	25 janvier 1869. Tableau par maladies. Une seule maladie, à péripneumonie contagieuse, 2 étables. On a inoculé dans une étable ; on n'a pas indiqué le résultat. Généralement, on a vendu à la boucherie les bêtes malades.	26 janvier 1867. Un tableau par maladies. Une seule maladie, le sang de rate rare 7 mètres dans un même lieu. Non contagion par le virus soluble, mais inoculable. C'est la peste ou morhage chez l'homme. Régime universel. On recommande toujours l'exterminateur. Détails intéressants.	1er février 1868. Tableau sur maladies et par communes, 7. Péripneumonie épizootique, 2 vaches, une commune. Charbon, 5 communes. Pertes 13 pour 100. Fièvre charbonneuse, une commune. Pertes 70 pour 100. Pétia, une commune. Pertes, 6 pour 100.	22 janvier 1869. Un tableau par maladies et par communes, 3. La nature des morts est indiquée. Fièvre charbonneuse chez le bœuf et chez le cheval, avec des espaces qualités ; description bien faite. Traitement hygiénique prescrit. Fièvre charbonneuse du porc très-meurtrière, une cinquantaine de morts pour les 3 communes.
89. Yonne.	16 juin 1862. Pas de service vétérinaire.	22 août 1865. Tableau par arrondissements, en seul [illegible] et par maladies. Péripneumonie contagieuse enzoïe [illegible], Perte, 10 sur 30 ; inoculation dans une seule étable. Fièvre aphtheuse, bœuf et mouton, 3 communes ; perte nulle.	6 août 1866. Tableau par arrondissements (3), et par maladies. Arrondissement de l'Auxerre. Fièvre aphtheuse, bœuf. Mouton et porc, gale nulle. Cholera des oiseaux ; cocorino ; nature charbonneuse, coïncide avec la fièvre charbonneuse et typhoïde de l'homme ; pertes considérables et [illegible] ne mange pas la viande en détail ; à visage, d'où [illegible] pas malade en détail. Arrondissement d'Auxerre, la charbon vaut zéro. Local.	Pas de rappel.	7 avril 1868. Tableau par maladies. Pas de détails. Sang de rate, mouton. Charbon, bœuf. Maladie de sang [illegible], bœuf, contage. Sans description. Péripneumonie contagieuse, cheval, bœuf, mouton, [illegible] 6 pour cent.	7 avril 1869. Tableau par maladies. Fièvre charbonneuse, bœuf ; description trop succincte. Quelquefois, la maladie avec tumeurs. Une fois locales. Pneumonie épizootique, moutons ; description trop succincte.